# 云南江川李家山古墓群规划与保护研究

朱宇华　著

学苑出版社

图书在版编目（CIP）数据

云南江川李家山古墓群规划与保护研究 / 朱宇华著 .
— 北京：学苑出版社，2022.4

ISBN 978-7-5077-6401-7

Ⅰ. ①云… Ⅱ. ①朱… Ⅲ. ①墓葬（考古）—文物保护—研
究—江川县 Ⅳ . ① K878.84

中国版本图书馆 CIP 数据核字（2022）第 056148 号

责任编辑：魏桦　周鼎
出版发行：学苑出版社
社　　　址：北京市丰台区南方庄2号院1号楼
邮政编码：100079
网　　　址：www.book001.com
电子信箱：xueyuanpress@163.com
联系电话：010-67601101（营销部）、010-67603091（总编室）
经　　　销：全国新华书店
印　刷　厂：英格拉姆印刷(固安)有限公司
开本尺寸：787×1092　1/16
印　　　张：13.75
字　　　数：199千字
版　　　次：2022年4月第1版
印　　　次：2022年4月第1次印刷
定　　　价：360.00元

# 前言

关于古代滇国的存在，长期以来由于史料记载太少，关于它的真实性始终处于传说和史实之间，直至滇池周边不断地考古发现证实了它的存在。滇国研究的繁荣也正是源于考古资料的日渐丰富。古代滇国肇始于战国时期[①]，繁荣于先秦至西汉时期，至东汉日渐融入消亡，其文明中心主要分布于滇池地区，是我国西南历史上一个有着独特文明的地方王国。

李家山是位于玉溪市江川县城北的一座不大的山丘，紧邻星云湖和抚仙湖，西距晋宁石寨山约 50 千米，从山脚至山顶高近 100 米。从山顶可俯瞰星云湖水，一年四季，风景宜人。

20 世纪 60 年代初，当地村民在李家山坡上修造梯田，发现大量青铜器和玉器，青铜器以写实为主，风格迥异于中原青铜文明。1972 年，李家山开始第一次考古发掘工作，共发掘战国末期至西汉中期的墓葬 27 座，出土大量珍贵文物 1300 余件。其中著名的牛虎铜案、虎牛鹿贮贝器、铜枕、铜伞盖等青铜器，先后在日、法、英、美四国展出，轰动一时。其后又陆续开展了数次考古发掘工作，出土大量青铜文物清晰的展现出古代滇国社会文明。2005 年，国务院公布李家山古墓群为第五批国家重点文物保护单位。

2004 年 11 月，清华大学建筑设计研究院文化遗产保护研究所工作人员对李家山古墓群的现状进行了调查，根据李家山古墓葬的保存情况制定了总体保护规划。为当地政府部门后续开展保护管理以及后续的展示利用和开发旅游提供技术服务。2006 年，编制完成并顺利通过主管部门审核。2009 年，李家山古墓群文物保护总体规划获得教育部优秀规划设计三等奖。

---

① 滇池地区发现的大量新石器、旧石器时代的出土文物证明，滇国独特的青铜文明与之一脉相承，有学者认为滇文化始于何时尚不明确，这里仍按《史记》"庄蹻王滇"之说，滇国建国时间为战国时期。

　　本书整理了李家山古墓群规划研究和策略制定的技术文件。从该项目特殊的历史文化背景，揭示在滇国历史、青铜文明等角度下对李家山滇国墓葬的重要价值进行了研究和归纳，并结合 2005 年前后李家山古墓葬所在环境的具体调查成果，从文物古迹保护与管理的角度，对墓葬所在区域的土地、环境资源进行了规划，并提出未来管理与对外旅游展示的具体要求。本书同时还提供了 2005 年前后相应的环境、植被和文物保存状况的基础数据，希望能给热爱遗产保护的同行和读者以有益借鉴和帮助。由于时间过去较长，编校过程也较仓促，书中难免有语焉不详，言之未尽之处，敬请读者指正。

# 目录

## 研究篇

第一章 历史沿革     3

  第一节 江川区历史沿革     3

  第二节 江川区建置沿革大事记     4

第二章 区域资源概况     7

  第一节 自然资源     7

  第二节 人文资源     14

第三章 关于滇国历史的研究     17

  第一节 研究历程     17

  第二节 考古历程及相关大事记     19

## 评估篇

第一章 价值评估     25

  第一节 滇国文化与李家山古墓群     25

  第二节 云南青铜文化与李家山古墓群     27

  第三节 墓葬文化与李家山古墓群     30

  第四节 李家山古墓群总体文物价值评估     32

  第五节 其他价值     33

第二章 现状评估     35

  第一节 李家山古墓群（文物本体）现状评估     35

  第二节 李家山（载体）现状评估     44

  第三节 李家山周边环境（背景环境）现状评估     49

  第四节 综合影响因素分析     55

第三章　管理评估　　　　　　　　　　　57

　第一节　文物管理工作回顾　　　　　　57

　第二节　文物保护工作回顾　　　　　　58

　第三节　保护区划回顾　　　　　　　　59

　第四节　管理评估　　　　　　　　　　60

　第五节　文物古迹管理问题综述　　　　60

第四章　利用评估　　　　　　　　　　　61

　第一节　利用情况概述　　　　　　　　61

　第二节　利用评估　　　　　　　　　　62

第五章　环境评估　　　　　　　　　　　63

　第一节　数据支持　　　　　　　　　　63

　第二节　土地利用变化　　　　　　　　63

　第三节　土地利用类型分布　　　　　　64

　第四节　土壤侵蚀潜在危险度评价　　　66

第六章　评估图　　　　　　　　　　　　75

## 规划篇

第一章　规划条文　　　　　　　　　　　111

　第一节　规划总则　　　　　　　　　　111

　第二节　规划原则和策略　　　　　　　113

　第三节　保护区划　　　　　　　　　　115

　第四节　保护措施　　　　　　　　　　120

　第五节　考古工作　　　　　　　　　　128

　第六节　环境保护规划　　　　　　　　129

　第七节　文物管理规划　　　　　　　　138

　第八节　文物展示利用规划　　　　　　140

　第九节　城镇规划调整建议　　　　　　146

　第十节　相关规划　　　　　　　　　　148

第十一节　规划实施分期　148

第二章　规划图　153


附录一：滇国文化视野中的李家山古墓群　171

附录二：云南青铜文化视野中的李家山古墓群　182

附录三：墓葬文化视野中的李家山古墓群　190

附录四：李家山古墓群墓葬考古信息表　197

附录五：李家山墓葬区植物调查　203

研究篇

# 第一章　历史沿革

　　李家山地区位于云南省玉溪市江川区境内，历史上属于古滇国。李家山古墓群出土的大量文物展现了消失的古滇国文化。为熟悉和了解李家山相关历史背景，我们对江川区相关的历史沿革进行了调查。

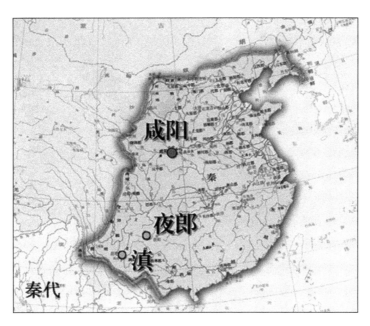

秦代古滇国区位

## 第一节　江川区历史沿革 ①

　　据文物考证，早在百万年之前，江川就有人类繁衍生息。

　　江川，汉为俞元县中心，唐初置绛县。元宪宗六年（1256 年）改江川千户所，至

---

① 整理自《江川县志》，云南省江川县史志编纂委员会编纂，云南人民出版社，1994。

元十三年（1276年）设江川州，领双龙县。至元二十年（1283年）降州为县，废双龙入江川，此后历代袭称江川区。1958年曾和玉溪县合并，称玉溪县，1961年分开，仍称江川区。2015年，设立玉溪市江川区。

江川区治，初设于碌云异城（今龙街），明崇祯七年（1634年）因星云湖水患迁至江川驿（今江城），1950年11月初由江城镇迁往大街镇，即目前江川区城所在，为全县政治、经济、文化之中心。1988年被国家工商行政管理局命名为"全国文明集市"，被省委、省政府命名为"文明村镇"。县辖大街、江城两镇和翠峰、龙街、前卫、安化、后卫、九溪、大庄、伏家营、雄关、路居十乡。境内有汉、彝两个民族聚居。

## 第二节　江川区建置沿革大事记

战国末期楚顷襄王二十一年（前278年）楚将庄蹻率众入滇。以兵威统治滇池地区，建立滇国①。江川属滇国地，秦朝沿袭。

汉武帝元封二年（前109年），汉王朝派兵入滇，滇王降，赐王印，仍统治其地。郡治在滇池（今晋城），汉置益州郡，领俞元等二十四县。江川为俞元县地，"县治龙池州"，辖境大致为以星云湖为中心的现澄江、江川、玉溪等地。

蜀建兴三年（225年），诸葛亮平定南中，曾到滇池，改益州郡为建宁郡，郡治迁味县（今曲靖），俞元县属之。

西晋武帝泰始七年（271年），分益州之建宁、兴古、云南、交州之永昌，合四郡为宁州，辖45县。其中建宁郡统十七县，俞元县属之。

太康三年（282年），废宁州入益州，立南夷校尉以护之。

西晋惠帝太安二年（303年），复置宁州。分建宁郡为晋宁、建宁二郡。俞元县属晋宁郡。

南朝刘宋时期（420年～479年），继东晋之后设宁州，俞元县仍属晋宁郡。

南朝萧齐时期（479年～502年），继刘宋之后仍设宁州、晋宁郡仍领七县，俞元县属之。

南朝肖梁时期（502年～557年），初期仍设宁州，郡县依然。

---

① "庄蹻王滇"一说始见于《史记》，但随着考古发现，有学者质疑，目前尚无定论。

梁武帝太清二年（548年），侯景乱梁，宁州刺史徐文盛被召开赴荆州参与平侯景之乱。此后，宁州便被爨氏所割据。江川属西爨地。

隋开皇十年（590年），在曲靖设置南宁州总管府，仍统治原来宁州地区。

唐武德元年（618年），唐朝建立，开南宁置南宁州，江川置绛县。县治碌云异城（今龙街），领地为前俞元县境。

唐武德七年（624年），析南宁州置西宁州。割南宁州之绛县属西宁州。唐贞观八年（634年）改西宁州为黎州，领两县，绛县和梁水县，州治在今江川区伏家营乡旧州村。

唐肃宗上元元年（760年），南诏向东兼并黎州等地后，设河阳等郡，河阳郡属下有江川区（有说江川之名始于此）。

后晋高祖天福元年（936年），通海节度使段思平从大义宁国杨干贞手中夺取政权，次年建立大理国。参与夺取政权的三十七部有封地，因么些徒蛮功较大，段乃析其子为三部，分治今澄江、江川、玉溪，称江川为步雄部。

元宪宗六年（1256年），改步雄部为江川千户所，属罗伽万户府。

元世祖至元八年（1271年），分大理等处为三路，江川属中路。

至元十三年（1276年），设立云南行中书省，置江川州，州治在今龙街，领双龙县（今前卫、后卫一带），县治在今后卫古城山，属澄江路。

至元二十年（1283年），降州为县，废双龙县入江川区。此后历代相沿称江川区。

明洪武十七年二月（1384年），改澄江路为澄江府，府治设在今澄江县城。江川区隶澄江府。

明崇祯七年（1634年），因湖水满溢，县城房屋倾倒，将县城由龙街迁到江川驿（现江城镇）。

清沿明制，称江川区、仍隶澄江府。

民国初年，江川属滇中道，治所在今蒙自，又称蒙自道。1930年废道制，后设专员督察区。江川划为第三督察区、专员驻弥勒县城。

1950年10月，江川区解放，属玉溪地区。1950年11月将县城由江城迁到大街。

1958年10月，江川区和玉溪县合并，称玉溪县，1961年11月分开，仍称江川区，县城仍设在大街镇。

## 江川县建置沿革简表

| 时期 | 隶属 | 隶属治所今地 | 建置 | 建置治所今地 | 备注 |
|---|---|---|---|---|---|
| 战国 | 古滇国 | 滇池　晋城 | | | |
| 西汉 | 益州郡 | 滇池　晋城 | 俞元 | 澄江 | 一说在今江川龙街 |
| 三国 | 建宁郡 | 滇池县　晋宁 | | | |
| 晋朝 | 晋宁郡 | 滇池县　晋宁 | | | |
| 南北朝 | 晋宁郡 | 滇池县　晋宁 | | | |
| 唐初 | 黎州 | 今伏家营旧州 | 绛县 | 江川龙街 | |
| 南诏 | 河阳郡 | 澄江 | 江川区 | | |
| 大理 | 大理国 | 大理 | 步雄部 | | |
| 元宪宗六年 | 罗伽万户府 | 罗伽甸　澄江 | 江川千户 | | |
| 元至元十三年 | 澄江路 | 澄江 | 江川州 | | |
| 元至元二十年 | 澄江路 | 澄江 | 江川区 | | |
| 明代 | 澄江路 | 澄江 | 江川区 | 江川龙街 | 崇祯七年县治迁江城 |
| 清代 | 澄江路 | 澄江 | 江川区 | 江城 | |
| 民国 | | | 江川区 | 江城 | |
| 中华人民共和国 | 玉溪地区 | 玉溪 | 江川区 | 大街镇 | 1950年县治迁大街镇 |

# 第二章　区域资源概况

## 第一节　自然资源

### 一、区域概况

#### （一）区位

江川区在昆明以南 100 千米。位于云南省中部玉溪市以东，抚仙湖西南方，与晋宁、澄江、华宁、通海四县接壤，地理坐标：东经 102°35′～102°55′，北纬 24°12′～24°32′，国土面积 850 平方千米。

李家山地处东经 102°47′13″，北纬 24°24′08″。位于江川区城北约 12 千米处的江

李家山区位图

城坝子①南边缘。背靠多依山，南临星云湖，登山顶俯瞰坝区良田万顷、远处湖光山色，景色宜人。

### （二）行政管区

李家山在云南省玉溪市境内，隶属江川区江城镇②。李家山下有徐家头，海溪，早街，庄科四个自然村落，由温泉村委会管理，原隶属于山下龙街乡政府，后改由江城镇统一管辖。其中徐家头村和海溪村彼此紧邻。

## 二、地理概况

### （一）地质

云南省是我国境内地质构造最复杂的地区之一。位于滇中的江川区处扬子淮台西南缘，滇东台褶带昆明台褶束南段，处于滇东山字形构造体系的脊柱与前弧之间的盾地范围。构造线以北西，北东向为主，北北东和近东西向次之。境内东南部地质构造最为复杂，北部次之，中部最为简单。③

县境内山间盆地如江城坝子等，为滇东高原在新构造运动作用下断裂下陷，再经流水冲击作用所形成。境内露出地层为玄武岩和沉积岩。李家山山区位于江城坝子西侧，地表以红壤为主，山顶经当地居民反复深耕平整，土层已非原生。

### （二）地貌

江川区地处云贵高原西南部，滇南高原中部。海拔高度在 1690 米 ~ 2648 米之间。四周高，中间低。北与昆明盆地间有梁王山脉相隔，东北与澄江盆地的抚仙湖间有野牛山相隔，主要山脉均呈南北走向。县境中部，于梁王山与野牛山之间有江城坝子，平均海拔 1735 米，面积 23 平方千米，耕地约 3.45 万亩。江城坝子南端为星云湖。

梁王山余脉多依山向东南分支成李家山，地貌为一隆起丘陵，面积 2.5 平方千米。它背靠多依山由东南方向伸入江城坝子，前临星云湖，在山顶向东隔野牛山垭口

---

① 坝子：在云南省山间盆地、河谷沿岸和山麓地带，常有比较宽广平坦的局部平原，当地群众称为"坝子"。

② 江川县辖大街、江城两镇和翠峰、龙街、雄关、路居等十乡，大街镇为县城所在。

③《江川县志》，云南省江川县史志编纂委员会，1994 年。

李家山地区卫星图

与抚仙湖相望。山顶地势较平，东面山坡较陡，山后与多依山之间为水土流失冲出的冲沟。

## 三、水文概况

江川水流丰沛，河湖众多。它地处珠江流域南盘江水系，主要河流有九溪大河、西河、东河等16条。县境中部有星云湖，北部据有抚仙湖西岸。星云湖为浅水湖（水深9米~12米），湖面面积34平方千米；抚仙湖为深水湖（水深87米~151米），湖面面积212平方千米（江川区境内69平方千米）。星云湖水经野牛山间海门河（又称隔河）向北流入抚仙湖。境内15条河中有12条流入星云湖及抚仙湖，再经抚仙湖东的海口河汇入南盘江，并入珠江水系。

## 四、气候概况

江川盆地总体气候舒适，四季如春。李家山一带尤为温和宜人。

## （一）气温

由于江川区处于低纬度高海拔地区，并受季风影响，冬暖夏凉，年温差较小，日温差较大。全县大部分地区均达到亚热带气候水平，年平均气温在 13.4 摄氏度至 16.5 摄氏度。在李家山以东有野牛山屏障，抚仙湖和星云湖对坝子内小气候起到调节作用，年平均温度则为 15 摄氏度至 16 摄氏度。

## （二）降雨和蒸发

江川地区气候湿润，雨季旱季分明，夏秋多雨而冬春相对干燥；降雨量山区大于坝区（平原区）。其中，江城地区年降雨量为 970 毫米。

## （三）风

主导风向为西南风，多年平均风速 2.2 米／秒，一年中 2 月至 4 月风力最大。

## （四）霜、雾、雪、云

江川地区极少降雪；夏天多为积云，冬季多层云，旱季飘白云，雨季多浓云；多年平均霜期 112 天，有霜日数平均 42 天。一般是 11 月 11 日至次年 3 月 12 日。

冬日霜雾在江川颇为常见，因李家山山下有约 35 摄氏度的温泉涌出，在冬季清晨，周围霜雾弥漫，唯独李家山山头无霜无雾，自然景观独特。

## （五）日照

江川区地处低纬高原，太阳高度角大，大气透明度好，光照充足。年均日照总数 2264 小时，日照百分率为 51%，日照分布随时间和空间而变化：冬春多，夏秋少；沿湖坝区多，山区峡谷地带少。

# 五、植被现状

江川区属云南高原中亚热带植被区，境内森林类型为半湿性常绿阔叶林及针叶林，植被分布因海拔、地形、土壤而异。新中国成立后，由于过度砍伐，全县森林覆盖率下降到 18.65%（1984 年统计），其中 1958 年～1976 年破坏最为严重。近年来全县普遍实施人工造林，森林覆盖率有所回升。

李家山一带，除李家山东麓徐家头村及早街村后尚余少量天然阔叶林，原有山林草坡因常年耕种等原因几乎破坏殆尽，出现大面积荒山、疏林、裸岩。李家山山顶、西面山坡和多依山东面山坡至今被开垦成梯田，种植农作物。

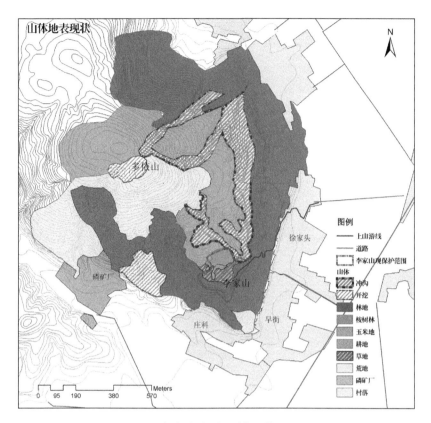

李家山山头植被现状

近年来实行人工造林，尤其是发现李家山滇国古墓群后，限制农垦耕作，在西麓和南麓种植了大片栎树林，现已形成规模；在多依山交界处人工种植了次生桉树林，尚在育林阶段。山下除自然村落外，均为大面积的农耕用地，普遍种植农作物。

## 六、环境现状

由于人口压力过大，江川区环境资源开发与环境保护不协调，农耕区域不断增大，由坝区引向山坡。工业发展迅速，多为资源密集型，经济增长以发展粗放型经济为主，给环境造成了巨大压力。

### （一）水土流失

江川区森林分布不均，质量不高。多年以来，由于乱砍滥伐，私自垦荒的行为普遍存在，加上自然因素的影响，水土流失以及陆地生态环境的退化现象严重。实行人工造林后，由于缺乏统一规划，树种单一，不能充分发挥涵养水源，保持水土的作用。

李家山周围水土流失

这种情况也威胁着李家山及周围山系：由于历史上多年耕作，李家山山顶及山坡近代地表植被遭受损毁，地貌变化较大，水土流失严重，雨季时常有泥石流发生。

（二）空气污染

江川区空气污染较为严重。其中江城坝子及其边缘地区的空气污染来源主要是工厂生产排放的废气，其成分包括二氧化硫、氟化物和固体悬浮物等。

李家山西侧，多依山南麓便有一座仍在使用的磷矿厂，常年排放氟化物和大量粉尘，直接影响到墓葬区周围的空气质量。

（三）噪声污染

澄川路南北贯穿整个江城盆地，离李家山最近处不足400米。路上来往的机动车和盆地四周的工厂都产生了大量噪声。由于缺乏有效遮挡，这些噪声在李家山山顶和植被稀少的步行通道上可以清楚地感知；山麓植被茂盛地区，噪声则不明显。

（四）水体污染

江川地区的水域主要面临富营养化污染问题。星云湖富营养化现象十分严重；抚仙湖水质目前较好，但也出现了富营养化趋势：由于星云湖水通过海门河流入抚仙湖，加之抚仙湖沿岸旅游开发的影响，抚仙湖湖滨局部地区水质已有恶化征兆。

## 七、交通运输

江川区公路运输兴旺发达，与玉溪市、晋宁区、澄江县、华宁县、通海县都有公路相通。县境内也有不同等级规模的道路联系着各村落、厂矿。自昆明向南经玉溪市到达江川区，徐家头村、早街村有村级道路与澄川路（澄江—江川）相连，经过村子有山路登上李家山。

此外，由于据有丰富水利资源，水运历来是江川区的另一重要交通运输手段。但因运输工具落后，20世纪70年代，木船运输被公路运输取代。引进钢质机动船之后，星云湖和抚仙湖之间于1987年底恢复通航。

江川盆地（坝子）

## 八、自然资源

江川地貌似山水盆景，风景秀美，据有抚仙湖三分之一水面，可饱览孤山及界鱼石胜景[①]。境内植物种类多，但坝区边缘因过分垦殖破坏了植物自然群落，致使水土流失严重、部分植物减少，环境破坏。

此外，江川渔业资源和非金属矿藏丰富，已知矿产有石灰岩、白云岩和量大质优的磷矿等。李家山山后的多依山磷矿蕴藏丰富，李家山西麓建有磷矿厂一座，现已开采。附近已探明的矿藏还包括徐家头白云岩矿、云岩寺磷矿等。

# 第二节　人文资源

## 一、文化概况

江川历史源远流长，文物古迹甚多，构成了独特的人文资源。

境内星云湖和抚仙湖畔，曾发现大量旧石器时期至青铜器时期的文物、遗址和古墓。其中最负盛名的是位于江城镇的李家山古墓群。它形成于战国晚期至东汉初期，系古滇国重要贵族墓地，曾出土了以包括"牛虎铜案"在内的青铜器为代表的一大批精美文物，具有鲜明地方特色和重要研究价值。经勘探，尚有数百座古墓还深埋地下。该古墓群于2001年被公布为国家重点文物保护单位（第五批）。

县境内尚有数处文物建筑，如江川文庙属省级文物保护单位；位于江城镇的文星阁和位于江川区城西2000米早街的金甲阁属市级文物保护单位。

## 二、旅游开发概况

江川拥有独特的自然和人文景观，于1988年被国务院批准为对外开放县，同年星云湖和抚仙湖被列为省级风景区。但是这一地区旅游开发存在各自为政和重复建设的情况，尚未系统化，规范化。

---

① 生长于抚仙湖和星云湖中的两种鱼类从不相往来，至连接两湖的海门河（隔河）中段就返还。古人在海门河上两种鱼类的活动范围交界处作"界鱼石"石碑以记之。

李家山出土的铜鼓

作为县内重要旅游开发项目，围绕李家山墓葬群，已经陆续实施过一些建设：1993 年 8 月，李家山博物馆成立并收藏展示了部分具有代表性的出土文物；已开挖墓坑大都采取回填措施，只余四个较大墓坑用于展示，于 2001 年做了简单围护和环境美化，同年从徐家头村通向山顶的游客步行道竣工；深埋地下的墓葬集中地区常年有专人看守。但目前，这一旅游项目运营情况并不理想。展示空间有限、展示方式单一、对游客缺少充分的引导措施是该单位旅游发展面临的问题。

## 三、古墓群现存状况

2004 年 11 月，清华大学建筑设计研究院文化遗产所工作人员对李家山古墓群的现状进行了调查，李家山目前已经禁止农耕，非墓葬区范围人工种植已经成林，植被繁茂。山顶墓葬区茅草丛生。李家山背靠的多依山上仍有大面积梯田开垦，山体裸露，存在大量裂隙，水土流失严重。

李家山山顶设有警卫中队，聘用山下早街村民五名，配备基本装备，长期驻扎山上，执行保卫工作。山顶设有警卫值班房，在未发掘的西南坡边缘设有岗楼，从早街

李家山现状远眺

引水电等设施上山，保障警卫人员在山顶的日常生活，确保日夜有人看护墓葬。

值班房所在的山顶区域，就是第一次和第二次发掘的主要区域。山顶有挖开的四座大墓墓坑用于展示。年久失修，护栏糟朽，墓坑内杂草丛生。

从山顶可以环顾整个江川盆地，山下良田万顷，村落历历，远处星云湖水气弥漫，视野开阔，景色迷人。

# 第三章　关于滇国历史的研究

## 第一节　研究历程

滇国是一个历史概念。长期以来，由于史料记载太少，关于它的真实性始终处于传说和史实之间，直至考古上的发现证实了它的存在。滇国研究的繁荣也正是由于考古资料的日渐丰富。目前学术界对于滇国历史的研究仍在进行之中，关于滇国的许多信息尚未全部揭示出来。比较明确的信息是，它肇始于战国时期①，繁荣于先秦至西汉

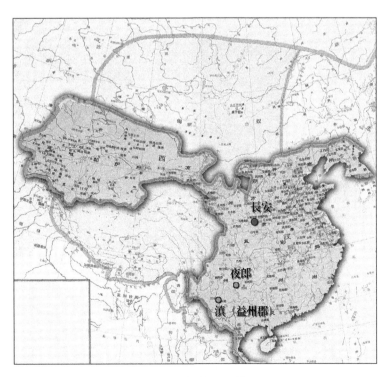

西汉时期滇国区位

---

① 滇池地区发现的大量新石器、旧石器时代的出土文物证明，滇国独特的青铜文明与之一脉相承，有学者认为滇文化始于何时尚不明确，这里仍按《史记》"庄蹻王滇"之说，滇国建国时间为战国时期。

时期，至东汉日渐消亡，其文明中心主要分布于滇池地区，是我国西南历史上一个地方王国。

关于滇国历史的研究，学术界大体经过了这么一些过程。①

首先研究滇国历史及相关问题的有著名历史学家方国瑜教授、尤中教授，但由于史料太少，又因为"滇小邑""滇王者，其众数万人"（《史记·西南夷列传》），许多人可能觉得研究难度大或研究意义不大，因此，早期涉足滇国历史研究的学者不多。

1956 年，位于滇池畔的晋宁石寨山考古发掘取得了举世瞩目的重大发现，出土了"滇王之印"，确证了《史记》中"（汉武帝）赐滇王王印，复长其民"的记载，大量出土的器物生动再现了消失的古滇国文明，引起了不小的轰动。1959 年，由郭沫若题字的《云南晋宁石寨山古墓葬群发掘报告》正式出版。1959 年至 1966 年，对滇国进行考古学研究的主要学者有著名考古学家冯汉骥教授。同时，日本历史学界、考古学界和民族学界也开始关注滇国历史与考古研究。

"文化大革命"期间，国内学术研究基本处于停顿状态，但日本学术界对滇国的研究仍在继续，例如，日本著名历史学家白鸟芳郎教授、著名考古学家山本达郎教授均发表过相关论文。1972 年，江川李家山古墓群首次被清理发掘，获得了大量关于滇国的考古资料，出土的精美青铜器物让人们再一次清晰地触摸到古滇国独特的文化。

从 20 世纪 80 年代初到 20 世纪末大约 20 多年时间，陆续完成了晋宁石寨山发掘，江川李家山二次发掘，呈贡天子庙、昆明羊浦头以及其他一些滇国遗址的发掘，极大丰富了滇国的考古资料，对滇国研究也进入一个繁荣的阶段，许多学者的研究颇有建树，比如著名考古学家汪宁生教授、童恩正教授、李昆声教授和张增祺研究员等。国际上，也有不少学者对滇国历史及其相关学术问题进行了研究。比如，日本上智大学量博满教授、东京大学今村启尔教授、名古屋博物馆梶山胜先生、法国皮拉佐里教授、德国德麦玲女士、美国邦克女士以及越南等国的学者。

进入 21 世纪，随着大量考古资料的整理出版，研究不断深入，更多学者加入滇国研究的行列，比如蒋志龙、黄懿陆等学者对滇国历史、政权体制、民族族属、墓葬制度、青铜艺术等诸多方面进行了颇有成效的研究。

虽然目前关于滇国的信息仍在不断发现之中，但是不可否认的是，在云南滇池附

① 摘自李昆声为《滇国史》所作序言。

近，历史上确实存在过一个滇王国，它具有灿烂且独特的文明。已有的研究表明，其起源既与中原地区有关，又与本地区原始文化一脉相承，滇文化前后存在约 500 年，最终与中原文化相互融合消亡。

## 第二节 考古历程及相关大事记

李家山是位于江川区城北 16 千米旱街村后的一座不大的山丘，西距晋宁石寨山约 50 千米，从山脚至山顶高近 100 米，背山面水，风景宜人。

20 世纪 20 年代初，李家山当地的村民偶尔上山拣到因下雨冲刷山坡裸露的零星青铜器和玉饰品。

20 世纪 60 年代初，农村大搞农田基本建设，当地村民在李家山坡上修造梯田，挖毁了部分中小型墓葬。60 年代末期，农业学大寨高潮，李家山山上充满了挖山造梯田的人潮。1966 年 9 月，云南省博物馆张增祺等到李家山查看，判断大量出土文物属于滇国青铜文化。

1971 年秋，停顿数年的云南文物考古工作开始恢复。

1972 年元旦过后，由张增祺领队，开始李家山第一次发掘工作，至 3 月底工作结

牛虎铜案

铜枕

束，共发掘战国末期至西汉中期的墓葬 27 座，出土文物 1300 余件（另有当地收集的 400 余件）。其中有著名的牛虎铜案、虎牛鹿贮贝器、铜枕、铜伞盖等青铜器。

1975 年《云南江川李家山古墓群发掘报告》① 发表。

1976 年～1982 年第一次"中国青铜器展览"，李家山出土的青铜器"牛虎铜案"，先后在日、法、英、美四国展出，其中美国在波士顿、纽约、旧金山、芝加哥四城市展出。

1984 年～1987 年第二次"云南青铜器"展览，展品 100 余件，江川李家山青铜器占展品的 40%。先后在日本的东京、名古屋；瑞士的苏黎世；奥地利的维也纳；西德的柏林、科隆、斯图加特，意大利的罗马等名城展览。

1991 年 5 月，玉溪地矿局在李家山探测硅矿，当地民工在挖探沟时发现了一个中型墓葬，发生了哄抢文物事件。

1991 年 12 月至 1992 年 4 月，在国家文物局的批准下，云南省、玉溪市、江川区联合发掘队于在李家山古墓地进行了第二次正式发掘，发掘领队是云南省考古研究所的张新宁。此次发掘共清理古墓 57 座，其中大墓 6 座，其余均为中小型墓葬，共出

① 云南博物馆，载《考古学报》1975 年第 2 期。

土文物 2066 件（套）。出土文物的质量和数量上都大大超过了第一次发掘。引起考古界普遍关注，同年李家山古墓群的第二次发掘被国家评为"1992 年中国十大考古新发现"之一。

1993 年 9 月，江川李家山古墓群出土的 22 件文物精品参加了国家文物局委托上海博物馆举办的"'九三中国文物精华展"，受到了专家的高度赞赏。展出期间，广大观众和专家学者及海外人士为之振奋，赞不绝口。

1994 年 1 月，省、地、县联合对李家山未发掘墓葬地分布范围进行探测，发现在山顶西南坡分布有 200 余座墓葬未被发掘。后来依据各级行政部门的保护、开发、利用规划，确定了保护范围和建控地带。

1994 年 4 月～5 月，应日本 NHK 电视台的请求，合作拍摄"古代稻作王国"专题，报请我国外交部、文物局、广电部批准，同云南省文化厅和江川区人民政府商定，在李家山古墓地对 85 号大墓作认真的现场发掘和拍摄工作。为李家山古墓的第三次发掘，由张新宁领队，省、地、县联合发掘队发掘。85 号大墓共出土文物 120 多件，主要有较多的金器，如金簪、金兽饰、金剑鞘等。

1994 年，江川建成了中国第一座青铜器博物馆，陈列了李家山出土的数千件青铜器文物，为研究古滇国政治、经济、军事及文化提供了极其宝贵的实物资料

1997 年 3 月底，发生过一起盗墓事件，由于保卫人员及时发现，盗贼仓皇逃跑。次日由县文化部门进行抢救性清理被盗古墓一座（M86），出土文物 51 件。

至此，李家山古墓群共清理墓葬 86 座，出土文物 3000 多件（套）。

2004 年 1 月～3 月由中国国家博物馆和云南省文化厅共同主办《云南文明之光——滇王国文物展》。展览荟萃了云南晋宁石寨山、江川李家山、官渡羊甫头等地考古成果中最具代表性的 179 件展品。

评估篇

# 第一章　价值评估

　　李家山古墓群是我国考古史上的一项重大发现，在 1972 年和 1992 年分别进行过两次大规模发掘，尤其是 1992 年第二次发掘，出土文物达 2066 件，被评为当年"全国十大考古新发现之一"。因此，对李家山古墓群的价值，应从它反映的历史阶段，揭示的历史信息，以及保护利用的现实需要等多个视角进行全面认识，应该涵盖历史、艺术、科学、社会等多方面的文物价值。

　　首先，李家山古墓群的发掘，是古滇国文化遗址的重大发现，其规模不亚于发现埋葬滇王的晋宁石寨山古墓群，为探求滇国历史，研究滇国文化提供了丰富的考古资料。其次，李家山古墓群的发掘，出土了大量珍贵文物，尤以青铜器为主，出土青铜器数量丰富、造型独特、工艺精湛，展现了历史上一个风格独立的青铜时代，是云南青铜文明的重要遗址之一。最后，李家山古墓葬是滇中一带发现的众多古滇国墓葬遗址之一，无论在墓地选址、墓葬型制、规模和葬式等方面都具有一定的代表性，是研究我国西南地区墓葬制度演变的重要实例，也是探究古代滇人在环境观念、生死观念等方面的重要实例。

　　同时，评估还从李家山保护利用的现实角度综合论述李家山古墓葬群社会和文化等方面价值。

## 第一节　滇国文化与李家山古墓群

　　长期以来，对我国西南地区历史的研究一直比较缺乏。近些年来，在先秦两汉时期的云南历史中，关于古代"滇国"的研究最多，影响也最大。滇国是《史记》中记载的西南地区一个少数民族王国，具有独特的文化形态和文明特征。

　　对目前滇国的研究情况进行分析，探讨李家山古墓群在滇国文化视野中的地位，

滇文化分布图

结论如下：

对于滇国的认识源于历史文献和考古资料两方面，在历史文献方面，资料较少，仅限于《史记》《汉书》《后汉书》等几部资料，记述也不详尽。滇国研究的进展主要来源于考古资料的不断发现，在目前发现的多处滇墓遗址当中，李家山古墓群属于典型的滇国墓葬，其规模之大、出土器物之多、器物之重要性在众多滇国墓葬遗址中格外突出。

因此，从滇国文化视野中，李家山古墓群具有以下几方面的重要价值：

1. 李家山古墓群反映的是先秦至两汉时期的一个地方古国文明，年代久远。

2. 滇国是我国西南地区早期历史上存在过的一个少数民族王国，具有独特的文明特征。李家山古墓群是消失的古滇国文明的重要遗址之一，文化类型珍稀。

3. 滇文化分布具有一定的区域，李家山古墓群与石寨山遗址一样，代表着典型的滇国文化，文化类型典型。

4. 在已发现的众多滇文化遗址中，李家山古墓葬遗址类型典型，规模庞大，墓葬规格等级高，同时年代跨度大。是古滇国重要的贵族或王族墓地之一，具有极高的研究价值。

5.对于研究滇国历史和我国西南地区早期文明具有重要价值；对于探究中华文明的形成具有重要价值。

## 第二节　云南青铜文化与李家山古墓群

### 一、李家山古墓群在云南青铜文化中的价值

云南青铜文化是中国青铜文明的重要组成，历史上云南地区是各种文化相互交融的地区。云南青铜时代的文化类型也十分丰富，情况也比较复杂。目前学术界存在多种分类方式，但是普遍都认为滇池地区青铜文化是云南青铜文化的代表。李家山古墓群就是滇池地区青铜文化的重要遗址之一。

分析在云南青铜文化视野中，李家山古墓群的具有如下重要价值：

1.云南青铜文化是中国青铜文明的重要组成，李家山古墓群所反映的滇池青铜文明是云南青铜文化的典型代表。具有极为发达的青铜器农业和手工业，器物精美，民族特色鲜明，在中国青铜文化中具有不可低估的地位，对于研究云南青铜文化具有重要价值。

铜枕

牛虎铜案

贮贝器

2.李家山古墓群青铜文化来源于当地新石器文化，年代久远，类型独特，是我国西南少数民族地区早期文明的典型。

3.李家山古墓群青铜文化在滇国时期达到鼎盛，并在西汉中期后逐渐与内地中原文化相互融合。考古年代前后持续四五百年，器物特征的演变具有连续性，反映了与中原文化相互融合的珍贵历史。

4.在已发现的滇池地区青铜墓葬当中，李家山古墓群规模庞大，出土器物数量众多，类型独特，是滇池地区青铜文明的典型代表。

## 二、出土青铜器（馆藏文物）的文物价值

滇文化是一支灿烂的青铜时代文化，具有极为发达的青铜器农业，进步的青铜器手工业，各种青铜器制作精美，且富于鲜明的民族特色，在中国青铜文化中具有不可低估的地位。

李家山古墓群出土的大量青铜器，均属滇文化类型，年代为我国战国时期至东汉早期。分为生产工具、生活用具、兵器、乐器及装饰品五大类，共80余种，占全部随葬品的85%以上。李家山出土的青铜器铸造工艺精湛，表现形式生动，特别是雕铸在青铜器上众多的人物和动物活动场面，真实地记录了当时人们的物质文化和精神文化生活，对研究我国古代的少数民族历史提供了珍贵的实物资料。

### （一）历史价值

李家山古墓群出土的青铜器文物属滇文化类型，年代为我国战国时期至东汉早期，其铸造工艺精湛，表现形式生动，特别是雕铸在青铜器上众多的人物和动物活动场面，真实地记录了当时人们的物质文化和精神文化生活，对研究我国古代的少数民族历史以及与中原地区的文化交流史提供了珍贵的实物资料。与此同时，作为玉溪悠久历史和古代文明的见证，这些珍贵文物也是各族人民共同的精神财富。

### （二）艺术价值

李家山出土的青铜器无论艺术构思和表现手法，都显得更加开放和富有创造性，不受或少受内地传统模式的影响与限制。在造型艺术上崇尚自然和个性，形象刻画生动，风格写实，粗犷奔放，富有想象力；在装饰工艺上取材随意，表现手法不拘一格，具有滇人青铜器的独特风格，充分体现了艺术审美和实用功能的完美结合；尤其是其

中的青铜动物造型，其主题鲜明，构思奇巧，层次分明，热情奔放，在强调动物外部特征时，又注意内心世界的刻画，从而达到形神俱备的境界。

### （三）科学价值

李家山古墓群青铜器包括生产工具、生活用具、兵器、乐器及装饰品五大类，共80余种。雕铸在青铜器上众多的人物和动物活动场面几乎涉及滇人社会生活的各个方面，真实地记录了当时人们的物质文化和精神文化生活，对研究我国古代的少数民族历史和社会状况提供了珍贵的实物资料。

另外，李家山青铜器在制作工艺方面已经掌握了铜、锡合金适当的比例，并且知道因器物用途不同而改变配方。铸造工艺复杂，掌握了鎏金、镀锡、金银错、镶嵌、漆绘、线刻等多种加工技术，具有珍贵的科学价值。

## 第三节　墓葬文化与李家山古墓群

从目前发现的众多滇墓的考古情况看，滇文化的墓葬在墓地选址、墓群分布、墓坑形式以及随葬品方面有许多显著的特征，这些特征具有明显的共同之处。尽管许多考古人员和历史研究人员都意识到滇文化的墓葬有许多特殊之处，但至今仍未见有专门研究成果，这里根据各处墓葬的考古发掘报告，对它们的墓地特征进行一定的比较分析，将滇文化墓葬的一些显著特征归纳如下：

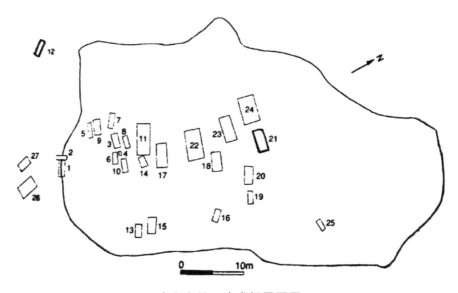

李家山第一次发掘平面图

滇文化墓葬典型特征：

1. 典型特征

2. 墓地选址：

（1）多选择平原（坝区）与山地相交处，前面临湖或临河，背山面水。

（2）墓地多距离水面不远，朝向水面的方向视线开阔。

（3）墓地不择高山，多选择在高出平原或水面的某处地方，如山麓、小山丘、台地或半山腰等，墓地背后多有高大山脉。

3. 墓群分布特征：

（1）年代上，一般由山顶逐渐向山脚推移，埋葬山顶的墓葬时代较早，地势低的墓葬年代较晚。

（2）小墓分布在大墓周围，大墓之间打破关系较少。因用地较小，墓葬相互叠压相互打破现象普遍。

（3）墓穴普遍为东西朝向，在排列上有的成行成列，很有规律，有的以大墓为中心，小墓围绕大墓分布。

4. 墓坑特征：

（1）均为长方形竖穴土坑墓，没有封土，也不见其他地面痕迹。坑的规模可分为大、中、小三种类型。

（2）墓坑普遍经过处理，四壁规整，有的有二层台、腰坑或脚窝等。

（3）棺椁制作简陋，有的用整个原木刳成，有的表面仍保留树皮，整体上，棺椁制度发育不全。

5. 葬制特征：

（1）多见单人葬，极少合葬，因其性别不同而随葬不同器物。

（2）大、中型墓葬随葬品丰富，小墓随葬品简单。

（3）随葬品：分层放置；青铜重器多置于墓内一端，重器多两套成对成对角放置；装饰品多数置于棺内。

通过归纳这些显著特征，可以发现在墓葬文化视野中，李家山古墓群具有如下重要价值：

1. 古代滇国墓葬在选址环境、墓群分布以及墓坑葬制方面具有明显的共同特征，反映了古滇国人在墓葬方面的观念，具有较强的研究价值，在此方面的研究尚属空白。

2. 李家山古墓群是典型的滇国墓葬，具有滇国墓葬的普遍特征，研究价值较高。

3. 李家山古墓群北靠多依山，前临星云湖，俯瞰坝区良田万顷，视线开阔，反映了典型滇国墓地的环境特征，具有很高的景观价值。

4. 李家山古墓群墓葬分布集中，且东西朝向，反映了滇人在墓地布局方面存在很强的观念，具有很高的历史价值和科学价值。

## 第四节　李家山古墓群总体文物价值评估

综合上述各个视角的分析，我们发现，李家山古墓群具有多种层面的价值，这些价值和它关联的多种特殊的背景紧密相关。按照《中华人民共和国文物保护法》中对文物价值的定义，将这些不同背景下的价值进行综合分析，从历史、艺术、科学价值三方面对李家山这些价值认识来进行归类。分类依据参照《中国文物古迹保护准则》中的相关要求。

李家山古墓群价值评价总表

| | 价值认识 | 历史价值 | 艺术价值 | 科学价值 | 符合《阐述》条例 |
|---|---|---|---|---|---|
| 滇国文化视野 | 李家山古墓群反映的是先秦至两汉时期的一个地方古国文明，年代久远。 | ● | | | 2.3.1 |
| | 滇国是我国西南地区早期历史上的少数民族王国，具有独特文明特征。李家山古墓群是消失的古滇国文明的重要遗址之一，文化类型珍稀。 | ● | | | 2.3.1 |
| | 滇文化分布具有一定的区域，李家山古墓群与石寨山遗址一样，代表着典型的滇国文化。文化类型典型。 | ● | | | 2.3.1 |
| | 在已发现的滇文化遗址中，李家山遗址类型典型，规模庞大，墓葬规格等级高，是古滇国重要的贵族墓地之一，具有极高的研究价值。 | | | ● | 2.3.3 |
| | 对于研究滇国历史和我国西南地区早期文明具有重要价值；对于探究中华文明的形成具有一定价值。 | ● | | ● | 2.3.1 2.3.3 |
| | 李家山墓群所反映的滇池青铜文明是云南青铜文化的典型代表。具有重要研究价值。 | ● | | ● | 2.3.1 2.3.3 |
| | 李家山古墓群青铜文化来源于当地新石器文化，年代久远，类型独特，是我国西南少数民族地区早期文明的典型。 | ● | | | 2.3.1 |

续　表

| | 价值认识 | 历史价值 | 艺术价值 | 科学价值 | 符合《阐述》条例 |
|---|---|---|---|---|---|
| 云南青铜文化视野 | 李家山古墓群考古年代连续，反映了滇文化的鼎盛以及与中原文化相互融合的珍贵历史。 | ● | | | 2.3.1 |
| | 在已发现的滇文化墓葬当中，李家山古墓群规模庞大，出土器物数量众多，类型独特，是滇池地区青铜文明的典型代表。 | ● | | | 2.3.1 |
| | 年代战国～东汉；是云南悠久历史和古代文明的见证，是各族人民共同的精神财富。 | ● | | | 2.3.1 |
| | 构思开放和表现手法丰富，风格写实，形象生动；艺术审美和实用功能完美结合； | | ● | | 2.3.2 |
| | 对研究少数民族历史和社会状况提供了珍贵实物资料；青铜制作工艺复杂，具有珍贵的科学价值。 | | | ● | 2.3.3 |
| 墓葬文化视野 | 在墓地选址、墓群分布以及墓坑葬制方面具有明显很高的研究价值，在此方面的研究尚属空白。 | | ● | ● | 2.3.2 2.3.3 |
| | 北靠多依山，前临星云湖，俯瞰坝区良田万顷，视线开阔，反映出典型滇国墓地的环境特征，具有很高的景观价值。 | | ● | | 2.3.2 |
| | 墓葬分布集中，东西朝向，反映了滇人独特的观念，具有很高的历史价值和科学价值 | | | ● | 2.3.3 |

# 第五节　其他价值

江川李家山古墓群是目前发现的古滇国最重要的墓葬遗址之一，作为滇池地区青铜文化的典型代表，对研究云南青铜文化和古滇王国具有重要价值。2005年6月25日，国务院公布李家山古墓群为第五批国家重点文物保护单位，也是目前玉溪市唯一的国家级文物保护单位。

李家山古墓群社会和文化方面的价值可以从以下几方面来认识：

首先，李家山古墓群的保护以及青铜文化的研究和利用在云南早期历史研究中具有重大意义，可视为云南早期历史的断代工程，可以极大地填补春秋至东汉时期云南历史研究的空白。

其次，李家山古墓群的保护和利用有利于将玉溪市将其单纯的文化资源和潜在的旅游资源转变为明显的社会效益和实际经济利益。通过合理有效的保护利用措施，打造特色文化产业，建设特色旅游文化，弘扬民族文化的同时创造新的经济增长点。

　　最后，对李家山青铜文化的研究和展示有助于各种类型的研究基地和教育基地的建立，使玉溪市在文化产业和打造地区知名度——目前，李家山青铜器博物馆已被云南省委省委、省政府命名为"省级爱国主义教育基地"和"科普教育基地"。为促进社会主义精神文明建设，增强民族自豪感和凝聚力做出了新的贡献。

# 第二章　现状评估

依据价值评估的结论，我们初步形成了对李家山价值存在的整体认识。以此为据，对李家山古墓群现状进行评估，目的是根据李家山古墓群的价值认识，发现现状中危害李家山古墓群的各类问题和相关影响因素。

评估对象按照文物本体、载体和背景环境三个层次，分别对古墓群、李家山以及李家山周边的江川坝子整体环境进行评估。

评估内容将根据对象的不同而有所侧重，评估基本涵盖保护现状、保存现状、管理现状、利用现状、研究现状五个方面的内容。

## 第一节　李家山古墓群（文物本体）现状评估

### 一、保存现状评估

目前，李家山古墓群的现状大体可分为三种情况。

第一种情况是发掘部分，主要集中在李家山山顶部分，占地面积约为 1.23 公顷，发掘区内共发掘墓葬 86 座，其中 1972 年发掘 27 座（M1 ~ M27），1992 年发掘 57 座（M28 ~ M84），1994 发掘 1 座（M85），1997 年抢救性清理 1 座（M86）。

第二种情况是勘探部分，1994 年 1 月，由张新宁领队的省、市、县联合对李家山未发掘墓葬地分布范围进行探测，在山顶西南坡发现仍有 200 余座墓葬分布地下，保存状况良好，除了 1997 年清理 M86 外，未见历史盗掘痕迹。占地面积约为 2.94 公顷。

第三种情况是墓葬可能分布区，由于在 1994 年勘探后，在李家山与早街村落相交接的东南缓坡地上，曾发现了若干小墓，有青铜器物出土，考古专家推测东南缓坡地带仍有大片墓群存在。

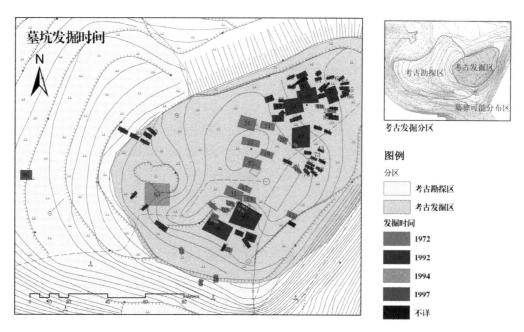

李家山墓坑发掘时间分类信息图

## （一）发掘区保护现状评估

发掘区是山顶区域，主要是第一次（1972年）和第二次（1992年）大规模考古发掘的地点，第三次（1994）发掘的M85也在山顶内。经过前三次考古发掘，山顶区域的墓葬已经基本清理。1997年抢救性清理的M86位于勘探区内，结合有关背景对考古情况进行评价：

**历次考古发掘情况评价表**

| 年代 | 考古单位 | 审批 | 工作时间 | 文物留取 | 资料整理 | 备注 | 评价 |
|---|---|---|---|---|---|---|---|
| 1972年 | 云南省博物馆考古工作队、江川区文化馆 | 不详 | 1972年1月~3月 | 省博物馆、玉溪市博物馆 | 《云南江川李家山古墓群发掘报告》 | | A |
| 1992年 | 云南省考古研究所、玉溪市、江川区文管所三地联合考古队。 | 国家文物局 | 1991年12月~1992年4月 | 玉溪市博物馆、江川区青铜器博物馆 | 《云南江川李家山古墓群第二次发掘报告》 | 全国十大考古发现之一。 | A |
| 1994年 | 省、市、县联合考古队，日本NHK电视台 | 国家文物局 | 1994年4月~5月 | 江川区青铜器博物馆 | 同上 | | A |
| 1997年 | 江川区文物管理所 | — | 1997年3月 | 江川区青铜器博物馆 | 同上 | | B |

分析公布的考古发掘资料，对考古信息留取的完整性进行评价。

**考古信息留取完整性评价表**

| 发掘序号 | 发掘记录手段 | 文物整理工作 | 考古报告 | 评价 |
|---|---|---|---|---|
| 1972 年发掘 | 测量、拍照、绘图、文字记录 | 完成 | 已发表 | A |
| 1992 年发掘 | 测量、拍照、分层绘图、文字记录 | 完成 | 已出版 | A |
| 1994 年发掘 | 测量、摄像、拍照、绘图、文字记录 | 完成 | 已出版 | A |
| 1997 年清理 | 拍照、文字记录。 | 完成 | 已出版 | B |

总体上说，李家山历次考古发掘情况良好，信息留存完整。发掘的墓葬经清理后均进行回填保护，回填土采用发掘时候挖开的土，遗址现场状况已是荒草漫漫，无迹可寻。

2001 年，考虑到李家山古墓群的旅游开发和利用，当地政府根据考古资料，将 M24、M51、M85、M69 四个大墓重新挖开，做上木围栏进行墓坑展示。通过本次现状调查并对照考古资料，对四个墓坑的现状进行真实性评价。评价选取墓坑位置、墓坑规模、墓坑朝向、外观现状四项参数。

**展示墓坑真实性评价表**

| | 墓坑位置 | | 墓坑规模（长×宽－深）单位：米 | | 墓坑朝向 | | 外观现状 | | 真实性评价 |
|---|---|---|---|---|---|---|---|---|---|
| | 考古 | 现状 | 考古资料 | 现状 | 考古 | 现状 | 考古 | 现状 | |
| M24 | 从 GPS 现场定位与考古资料叠合情况看，总体一致，但都有偏差。个别墓坑偏差较大。 | | 4.26×2.63－2.7 | 4.8×3.7－2.4 | 不详 | 269° | 四方形 | 不规则 | C |
| M51 | | | 5.5×4.5－3.7 | 5.4×4.6－3.0 | 270° | 272° | 四方形 | 不规则 | C |
| M69 | | | 6.76×5.6－3.58 | 7.5×6.7－3.5 | 274° | 283° | 四方形 | 不规则 | C |
| M85 | | | 5.82×4.83－5.9 | 8.0×6.9－4.6 | 84° | 62° | 四方形 | 不规则 | C |

通过四个墓坑的评价，我们发现，后来开挖的四个墓坑虽然参照了考古资料，但是实际上与原有墓坑情况出入较大，同时由于下雨冲刷，坑壁出现滑塌，加之杂草生长，墓坑外观严重变形。

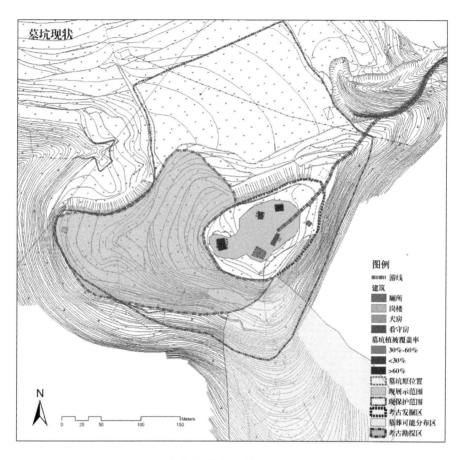

李家山墓坑现状分析图

**（二）勘探区保护现状评估**

20 世纪 50 年代农耕垦田的影响，李家山原来都是梯田，植被稀少，土壤裸露。勘探区至今仍保持梯状地形。由于雨水常年冲刷山体，水土流失严重。1992 年，进行第二次考古勘探时，领队张新宁就发现山顶地貌与 1972 年首次发掘相比发生了巨大变化。在山顶北部和西北部出现两处新的断坎。发现古滇国墓葬后，李家山上禁止垦田活动。

勘探区墓葬除了 1997 年因盗墓而清理一座之外，其余均保存完好。由于无法种植高大树木，目前区域内茅草滋生，漫山遍野。警卫中队日夜值班守护，队员常年山上生活，在勘探区内种植了一些玉米用于养警犬。

勘探区内墓葬的保存方式是原址原状保存于地下，保护工作主要体现在安全防护上，目前采取的方式主要是人力看守。

**（三）可能分布区保护现状评估**

李家山东南山麓为平缓的坡地，与山下早街村相连。据云南省考古研究所张新宁

东南缓坡上的盗掘坑

介绍，当地农民耕种时曾发现过铜兵器。考古队在 1992 年也探出零星的小型墓葬。1999 年，有村民在自己家承包的土地里夜间盗掘三座小墓而被法院判了三年刑。因此，考古专家推测李家山东南坡可能存在墓葬。

　　可能分布区的范围目前仍未经勘测。可能存在的墓葬仍基本保存于地下。但由于情况不明，未有任何保护措施。


## 二、保护现状评估

　　本节主要评价遗址现场的保护管理情况，作为国家文物保护单位的管理状况见下一节管理评估。

　　目前墓群遗址现场的管理方式主要是人力看守。这种方式本身也有一个发展完善的历程。大致过程如下：

　　1972 年，首次发掘以后，遗址并没有专门安排人员管理。

　　1992 年，二次发掘之后，江川区政府投资 1.5 万元，在山顶遗址旁建盖了看守房

山顶警卫队值班室

勘探区岗楼

一间，从山下龙街乡聘用了看守人员 4 名，在山顶常年看守，经费纳入县财政预算。

设置专人看守之后，仍然发生了多起团伙盗墓，威胁保安人员等事件。因保护区域较大，设备设施条件差，交通、通讯联络困难，水电尚未接通，盗贼采用现代仪器探测盗墓，团伙作案，给保护工作造成极大的困难。

1994 年，投资 1.4 万元，建盖两间砖房放置器材，后作为看守房，形成目前一栋 3 间的看守房。

1997 年，在勘探过的墓葬区内发生一起恶性盗墓事件，县政府高度重视，决定另外增加两名联防队员，共 6 名联防队员，与山下龙街派出所干警 6 人共同组成"李家山古墓警卫中队"，在山顶轮流值班。同时还解决了保卫人员的工资待遇及配备服装、枪支、警犬等问题；解决了常年昼夜看守需要的通讯、供水、供电问题。

1997 年，县政府投资 4 万元在未发掘的李家山西南坡墓葬区增加了一座岗楼，晚上派人值班看守。

2005 年 11 月，清华大学建筑设计院文化遗产研究所工作人员对墓葬区现场进行调查，情况记录如下。

值班室墙后的犬舍

1. 现场管理人员和管理方式：

（1）管理人员：5人（陈文贵、华中平、宁耀东、张利能、石明贵）。

（2）人员基本情况：男性，均为山下龙街乡居民，年龄都在30岁~40岁左右。2003年开始工作，隶属江川区文物管理所。

（3）装备：警犬2条、电棍2支、胶木棍5支、头盔5顶。

（4）看守方式：常年昼夜看守。白天山上仅1人，晚上4人，轮流值夜。其中3人在看守房休息，1人2犬在岗楼值班，隔一小时换班。

（5）生活方式：5人长期在山上生活，白天在山上种些菜，如玉米、南瓜、黄豆、青菜、向日葵等。自己做饭并负责喂养警犬。

（6）其他：发掘区内有队员自植花圃和菜地。勘探区内主要是荒草和一些玉米地

2. 建筑和基础设施：

（1）建筑情况：看守房一栋，位于山顶发掘区；岗楼一座，位于西南坡勘探区；犬舍一间，紧贴看守房后墙；旱厕一处，位于从看守房北面下山路的东侧。

值班室后的高位水箱

（2）给排水设施：山下早街村设有水泵房，通过引水管至山顶高位水箱，定期灌满。高位水箱设在看守房后。水管接入看守房内。其他建筑目前无供水。自然排水。

（3）供电设施：从早街村用木杆引照明线路上山至看守房及岗楼。

（4）通信设施：5名通讯人员都自备手机，看守房内安装电话。

（5）交通设施：至李家山山顶共有3条道路，两条通向早街村，为原先土路。另一条通向北面徐家头村，是目前的主要道路，路面较宽，为水泥石子路面，是2001年地方上为开发旅游而改造的道路。

（6）其他：值班室后的高位水箱

综合上述情况，对李家山墓葬遗址的保护现状进行简单评价如下：

**遗址现场保护现状评价表**

| 遗址区域 | 设施及装备 | 管理方式 | 评价 |
| --- | --- | --- | --- |
| 发掘区 | 以看守房为中心，联防队员在看守房生活。装备以及警犬均在看守房内 | 人力看守，以看守房为生活和管理中心。 | B（一般） |
| 勘探区 | 以岗楼为中心，白天无人，夜里一人携警犬前往值勤警戒 | 人力看守，以岗楼为警戒和监控中心。 | B（一般） |
| 可能分布区 | 无任何管理措施 | | C（差） |

可以看出，墓群遗址现场的保护方式仍采用人力看守的方式。虽然这种方式也在不断得到完善和改进，但是从保护尚未发掘的大片墓葬的重大责任来看，这种人力看守的方式仍然过于简陋和脆弱，远不能满足管理上的需要。

## 三、研究现状评估

通过对价值研究材料（参见价值评估和附录材料部分）的分析可知，李家山古墓群经过了4次发掘后出土了大量精美文物，尤其是极具写实风格的青铜器格外突出，蕴藏着滇文化的真实历史信息。同时，作为一处滇文化墓葬，李家山古墓群和其他滇文化墓葬一样，也面临着缺少文字记载，史料匮乏的研究瓶颈，导致目前对于李家山古墓群和古滇文化的认识成果非常有限。因此在研究现状上，呈现出如下一些总体特点：

1.考古资料丰富，历史文献匮乏，研究存在着瓶颈。

2.青铜文化与中原差异较大，而于东南亚地区相似，研究有一定国际影响。

3.随着考古资料的丰富，对于滇文化的研究正在逐步开展当中。

# 第二节　李家山（载体）现状评估

李家山是古墓群的载体，它的地质地貌状况、植被状况以及景观环境状况与古墓群的价值紧密相关。评估从这三方面进行。

## 一、地貌状况评估

李家山位于星云湖西北隅，在整个江城盆地（坝子）的南边沿，山后西北紧靠多依山，为突入坝子的一个小山丘，山顶高出地面约100米，三面视线开阔，景观良好。

1992年，进行了第二次考古发掘过程中，考古队发现自1972年第一次发掘后，经过20年，"山顶地貌改变极大，特别是西北角紧贴第一次发掘区边界已经形成断壁"[①]。利用1980年李家山测绘地形图和1997年的李家山测绘地形图进行比较，可以发现，1997年在山顶的西面和西北面多出现了两道断壁，同时山顶标高也发生变化，1980年为海拔1840.2米，1997年为海拔1839.5米，地表下降700毫米。

李家山地貌变化情况对照表

| 年份 | 山顶地貌 | 山顶标高 | 冲沟情况 |
|---|---|---|---|
| 1980年地形测绘图 | 等高线平滑，无明显断坎 | 海拔1840.2米 | 从地形图上看，多依山、四谷堆山和李家山之间无连续和贯通的沟壑 |
| 1997年地形测绘图 | 在西南坡岗楼附近出现一条断壁（长12米，高差8米）；在山顶西北侧出现一条断壁（长10米，高差6米） | 海拔1839.5米 | 多依山与李家山之间形成连续的沟壑，李家山和四谷堆山之间形成巨大的沟谷，地表裸露严重。 |

由此可以看出，经过20年，李家山地貌变化较大，主要集中在表层土壤流失严重，山体西面和北面出现巨大的断壁和冲沟两个方面。造成这两个方面的原因是历史

---

① 见《江川李家山第二次考古发掘报告》。

上人工垦殖过度，山顶经反复耕作后地表土破坏严重。另外，人工垦耕导致植被覆盖率下降，雨水常年冲刷，导致整个山体环境水土流失严重，山顶出现两处断壁，与其他山体之间出现大面积裸露的沟壑。

## 二、植被状况评估

从1972年首次发掘的照片上看，李家山山顶及西面、北面均为梯田，土壤几乎全部裸露。现在情况大有好转，2005年11月上旬清华大学建筑设计研究院文化遗产所工作人员对李家山的植被分布状况进行全面调查。总体而言，山顶区域以茅草和少量玉米地为主，高大树木较少。山体的南面和东面树木茂盛，西面和北面与多依山、四谷堆山相接，沟壑纵横，植被较少，与多依山相连处有一小片桉树育林区，沟壑周围分布有少量耕地。

李家山植物分布情况表

| 植被区域 | 墓葬区 | 现状描述 | 历史状况 |
| --- | --- | --- | --- |
| 山顶 | 发掘区 | 四个展示墓坑周围用红砖铺地，彼此相连成游览线路，年久失修，墓坑内外杂草丛生，以"紫茎泽兰"为多。看守房周围有少量高大桉树和玉米地。 | 从1972年照片上看，没有植被。 |
| 山顶西南坡 | 勘探区 | 无任何高大树木，以茅草（牡蒿、细柄草）为主，间有少量联防队员种植的玉米地 | 从1972年照片上看，没有植被。 |
| 山体东面至南面 | — | 东面至南面树木繁茂，其中东面陡峭，为原始林；南面为人工种植的栎树林，物种单一。 | 据当地介绍，南面栎树林为1992年发掘后的人工育林。 |
| 山体东南坡 | 可能分布区 | 树木繁茂，为栎树林。 | |
| 山体西面至北面 | — | 沟壑众多，植被稀少。西北面与多依山相连，有一小片桉树幼林，北面与四谷堆山相望，沟谷内分布若干耕田。 | |

从表中看出，李家山历史上受农耕影响大，地表植被破坏严重。在发现古滇国墓葬之后，地方政府禁止垦耕并在非墓葬区域进行了植树育林活动，取得了明显成效。

西南坡内分布有大量墓群，由于地表土层的破坏，勘探时发现许多墓口已距地表很近，无法种植树木，只能生长杂草，既保证涵养水土又不破坏墓群。但在景观环境上略显不足。

山体西面和北面沟壑纵横，植被稀少，多依山上农耕现象严重，水土流失严重，长期下去必然会危及位于多依山下方的李家山山体的完整性。

## 三、景观环境状况评估

按价值评估的结论，李家山墓群的选址具有典型的滇国墓址的特征，其环境具有背山面水，视线开阔的良好的景观特征。

以价值评估结论为依据，以李家山山顶为中心，对不同视线方向的景观要求做出等级分类，并进行现状评价。

**李家山景观视线等级和现状评价表**

| 方向 | 主题 | 价值体现 | 视线等级评价 | 景观现状 | 景观评价 |
|---|---|---|---|---|---|
| 东方向 | 江川盆地、野牛山 | 俯瞰江川坝子、村落良田，一碧万顷，视线开阔。 | A | 公路横穿盆地，村落风貌和规模尚可，良田和野牛山较好 | B |
| 南方向 | 星云湖、江川盆地 | 眺望星云湖水、良田万顷。部分视线遮挡。 | B | 湖水开阔，村落风貌和规模尚可。 | A |
| 西方向 | 梁王山、多依山 | — | C | 山谷间有一座磷矿厂，影响景观 | C |
| 北方向 | 四谷堆山、沟壑 | — | C | 沟壑水土流失严重 | C |
| 东北方向 | 江城镇、江川盆地 | 俯瞰江川坝子，部分视线遮挡 | B | 远眺江城镇及周围若干厂矿。 | B |
| 东南方向 | 星云湖、江川盆地 | 俯瞰江川坝子，山下良田万顷，直抵远处湖边，湖面波光粼粼。山水相接，景色宜人。 | A | 星云湖湖面开阔，村落风貌和规模尚可，景观良好 | A |
| 西南方向 | 山谷 | — | C | 山谷间一座磷矿厂，影响景观 | C |
| 西北方向 | 多依山山头 | 多依山山势伟岸，外观整体 | A | 多依山山头全部被垦成梯田，植被稀少，水土流失严重 | B |

从上表可以看出，总体来看，李家山景观状况仍良好，但仍需注意控制重要视域内的有关景观因素，比如控制建筑的规模和风貌，保持良田应有的规模，增加多依山

**李家山景观视线**

江川盆地和星云湖景观

多依山景观

西南向山谷

江川盆地和江城镇

植被、减少厂矿、冲沟等影响景观的不良因素。

　　另外，根据对景观视线的现场调查，从徐家头村上山的游线上有若干良好视线的景观点，将其定位并标示，以利于下一步李家山开发利用所需的景观规划和设计。

## 第三节　李家山周边环境（背景环境）现状评估

### 一、多依山与李家山山体现状

　　李家山山体出露地层以寒武纪下统为主，即筇竹寺组（C18），为含胶磷矿的砂岩、粉砂岩，厚度约300米。山体东坡呈南北向窄条带状分布有中泥盆统海口组（D2h）含砾中细粒石英砂岩；坡脚为条带状白云岩。李家山北部多依山支脉的北坡地层亦属于中泥盆统海口组（D2h）砂岩。多依山及李家山南部为第四系松散河湖相混合相沉

多依山的梯田

积层。①

李家山多依山山地主要是黄红壤、红壤和酸性紫色土壤，土质松散，土层底部的母质也为松散的古老岩体。属于中亚热带常绿阔叶林植被区，主要为油杉、栎类、黄莲木、云南松等树种的常绿阔叶林及部分针叶林。

目前李家山的地表植被状况如下②：

**李家山地表植被状况统计表**

| 植被状况 | 林地（桉树林） | 草地 | 玉米地 | 荒地 | 其他 | 合计 |
|---|---|---|---|---|---|---|
| 面积（公顷） | 9.8（0.89） | 1.15 | 0.21 | 0.85 | 0.81 | 12.82 |
| 比例 | 76.4%（6.9%） | 9.0% | 1.6% | 6.6% | 6.4% | 100% |

以李家山、多依山山顶东部及南部山麓共124.9公顷的山体为研究范围，山体土表植被状况如下：

**多依山地表植被状况统计表**

| 植被 | 林地 | 桉树 | 草地 | 玉米地 | 耕地 | 荒地 | 冲沟 | 开挖 | 其他 | 合计 |
|---|---|---|---|---|---|---|---|---|---|---|
| 面积（公顷） | 58.1 | 0.9 | 1.2 | 0.2 | 23.9 | 21.2 | 14.7 | 4.6 | 0.1 | 124.9 |
| 比例 | 46.5% | 0.72% | 0.96% | 0.21% | 19.1% | 16.9% | 11.8% | 3.7% | 0.11% | 100% |

从上述表格可见，李家山目前林地覆盖率较高，但多依山生态环境较恶劣。李家山地区生态环境面临的问题主要是水土流失。当地村庄农地已开垦至多依山顶部，其裸露的土表上侵蚀沟随处可见，有的已深切至基岩中形成极大的冲沟。每年雨季大量的泥沙冲蚀而下，不但使山上土质肥效丧失，而且直接危及村庄的安全。

另外，人为的开山采石破坏了山体地貌的完整性，被开采的山体地层为寒武纪中粒砂岩，风化程度严重，岩体松散稳定性差，雨季时极可能产生崩塌和泥石流，危及当地村庄的安全。

对李家山与多依山植被现状评估如下：

---

① 此描述摘自中国科学院地理研究所旅游规划研究中心等单位2000年编制的《李家山古滇青铜文化城旅游项目可行性研究报告》

② 此表与下表的数据根据SPOT公司提供的2004年12月卫星图。

水土流失形成的冲沟

**李家山多依山植被现状评估表**

| 植被状况 | 对环境影响程度 | 分类 | 原因 |
|---|---|---|---|
| 林地 | 好 | A | 优化生态环境，美化环境景观 |
| 桉树林 | 较好 | B | 速生树种，但吸水率高 |
| 草地 | 较好 | B | |
| 玉米地 | 一般 | C | |
| 荒地 | 差 | D | |
| 耕地 | 差 | D | 坡地耕地易造成水土流失 |

## 二、山下村落现状

李家山下温泉村沿山麓呈条状分布，全村长约 1.3 千米，地域面积 5.35 平方千米，平均海拔 1740 米。温泉村包括三个自然村徐家头、早街和庄科[①]，约有 300 年历

① 有些资料为徐家头、早街、海溪和庄科 4 个自然村，现海溪并入徐家头村。

史。2004 年以来，全村农户 910 户，总人口 3276 人，总耕地面积 1722 亩，人均耕地 0.54 亩。

温泉村建筑用地约 26.46 公顷，村内有神鱼池、寺庙、祠堂、温泉、传统民居等历史遗存，基本保留了传统村落的格局和形态。

民居：民宅大多为土坯房，是典型的云南"一颗印"建筑。村内有 20 多座清末民国时期建造的"一颗印"民居，有些院落格局较完整并保留精美的木雕石刻装饰，但这些老宅残损严重，有些属于危房。

村落的外沿是近十多年建造的建筑，有些砖混建筑影响了传统村落的风貌特征。而在庄科南端，新建的"一颗印"住宅即改善室内的居住环境，又保持传统的空间格局和建筑形式，这些有序排列的新住宅，是对历史村落的有机延续。

寺庙：村内寺庙 5 座，多建于村口，地势较高。庙内混杂供奉佛教道教神像及各种民间仙圣，体现地方民间宗教文化。

宗祠：村内唯一的宗祠是位于庄科的韩氏宗祠，有两间供殿，由韩氏族人看管。

温泉：温泉村位于李家山下的泉群出露区。庄科及徐家头以北地带的泉群为冷泉，

山下村落

流量较小。早街与徐家头的泉群为温泉，流量较大，水温 31.5 摄氏度左右。最大的温泉为早街红龙寺的泉池。

山下村落调查统计表

| 村名 | 建筑用地面积（公顷） | 寺庙（个） | 温泉（个） | 保存较完整的传统民居（个） | 宗祠（个） |
|---|---|---|---|---|---|
| 徐家头 | 9.56 | 2 | 3 | 10 | |
| 早街 | 8.79 | 2 | 3 | 6 | |
| 庄科 | 8.11 | 1 | 2 | 5 | 1 |
| 合计 | 26.46 | 5 | 8 | 21 | 1 |

温泉村建设发展状况

| 村名 | 2005 年现建筑用地 | | 1980 年建筑用地 | 增长比例 |
|---|---|---|---|---|
| | 面积（公顷） | 占村用地比例 | 面积（公顷） | |
| 徐家头 | 9.56 | 1.8% | 2.32 | 312% |
| 早街 | 8.79 | 1.6% | 2.16 | 307% |
| 庄科 | 8.11 | 1.5% | 1.68 | 383% |
| 合计 | 26.46 | 4.2% | 6.16 | 297% |

## 三、基础设施现状

水电设施：温泉村的水源为村内的泉水，供电、通信设施均按农用标准配置。水电系统明管明线敷设，既影响景观也存在安全隐患。全村没有排水系统，缺乏公共卫生设施和有效的垃圾清运系统，卫生环境较差。

交通：温泉村紧临澄川公路，从澄江公路进入徐家头村口的村镇道路长约 500 米，由此进村经过 200 余米的乡村路，即可登上通往李家山的山路。村内没有停车场和相应的服务设施，不能满足今后李家山的发展要求。目前李家山的游线如下：

澄川公路　<u>500 米</u>→　温泉村（徐家头）　<u>200 米</u>→　山路（游览）　<u>800 米</u>→　李家山古墓群

山下道路状况调查表

| 等级 | 宽度 | 路面材料 | 建造或修建时间 |
|---|---|---|---|
| 澄川公路 | 20 米 ~ 25 米 | 水泥路面 | |
| 村镇道路 | 5 米 ~ 6 米 | 水泥路面 | |
| 乡村路 | 2 米 ~ 3 米 | 石板路、土路 | |
| 山路 | 1 米 | 水泥石子路面 | 1997 年 |

从李家山的保护和利用出发，对村落的综合评价如下：

村落综合评价表

| | 有利因素 | 不利影响 |
|---|---|---|
| 村落建筑 | 基本保持云南传统的建筑风貌和传统的空间格局，具有地方风土人文特色。 | 1. 山脚下的老宅较破旧，残存较严重<br>2. 在上李家山的山路上，可看到早街和徐家头村近年新建的一些住宅与环境不和谐，影响景观。<br>3. 作为李家山的上山入口，村内没有为李家山展示服务的相应设施。 |
| 泉池 | 温泉、神鱼泉是李家山地区的一处亮点，是独特的水文和人文景观。 | 温泉是村民的生活水源，但目前村民的用水方式会使日用化学洗涤用品污染水源，进而影响地区的水文环境。 |
| 水电系统 | | 1. 明管明线影响景观，存在安全隐患。<br>2. 没有排水系统和公共卫生设施。 |
| 交通 | 邻近澄川公路，交通便利 | 1. 从村口到山路之间游线的环境需要整治。<br>2. 没有停车场。 |

## 四、厂矿现状

温泉村下属企业有两个：温泉磷肥厂和温泉普钙厂，目前已停办。外资企业有江达磷化公司和金泉食品公司。在早街靠近澄川公路处有占地 1.1 万平方米的加工厂，对居住和公共环境基本无干扰和污染。

在李家山西北方、多依山西南麓有一座磷矿厂，占地约 5 万平方米，是黄磷原料粗加工企业。在李家山山顶可以看到该厂排放大量废气，对空气造成严重污染。磷矿厂不仅严重影响景观污染环境，而且在多依山山顶取石采矿，这对山体地貌造成直接破坏，将使开挖面山体的地质稳定性结构急剧失衡，易引发大范围山体垮塌或泥石流

山坳内的磷矿厂

等地质灾害。因此，磷矿厂严重危害了李家山古墓群文物环境。

# 第四节 综合影响因素分析

李家山古墓群文物遗存及相关环境危害影响主要分：自然因素和人为因素两大方面，每方面又可分出若干具体的破坏因素，列表如下：

李家山古墓群综合影响因素表

| 影响因素 | | 文物本体 | | | 李家山载体 | 外部环境 |
|---|---|---|---|---|---|---|
| | | 发掘区 | 勘探区 | 可能区 | | |
| 自然因素 | 水土流失 | ▬ | ■ | ▬ | ■ | ■ |
| | 洪水冲刷 | — | — | ▬ | ■ | ■ |
| | 植被根系破坏 | ■ | — | ■ | — | ▬ |
| | 自然坡度 | ▬ | ■ | ▬ | ■ | ■ |

续　表

| 影响因素 | | 文物本体 | | 李家山载体 | 外部环境 |
|---|---|---|---|---|---|
| | 发掘区 | 勘探区 | 可能区 | | |
| 人为因素　盗掘 | — | ■ | ■ | — | — |
| 缺乏勘探和保护 | — | — | ■ | — | — |
| 农业垦耕 | — | — | ■ | ■ | ■ |
| 开山采矿 | — | — | — | — | ■ |
| 人为种植 | ■ | ■ | ■ | — | — |
| 工业污染 | ■ | — | — | — | ■ |
| 不合理展示措施 | ■ | — | — | — | — |
| 植被选择不合理 | ■ | ■ | ■ | ■ | ■ |
| 不协调的建设 | ■ | — | — | — | — |
| 安防设施落后 | ■ | ■ | — | — | — |
| 基础设施落后 | ■ | ■ | — | — | ■ |

■：造成很大影响的因素；■：造成较大影响的因素；▬：造成较小影响的因素。

# 第三章　管理评估

## 第一节　文物管理工作回顾

全国重点文物保护单位江川李家山古墓群的保护管理工作由江川区文化局、江川区文物管理所负责。遗址现场的日常看护管理由李家山警卫中队负责。警卫中队隶属于县文物管理所，县文物管理所隶属于县文化局。

### 一、管理机构建设

1. 1988 年 10 月，江川区文物管理所成立。

2. 1989 年 8 月，县文化局下设 8 个文化事业单位：县文化馆、乡镇文化站、县电影公司、县新华书店、县图书馆、县文物管理所、风景事业管理所、县文化旅游服务公司。

3. 1990 年，玉溪市文物管理所正式成立。

4. 1997 年，江川区政府决定在李家山古墓群联防队的基础上，与山下龙街派出所共同成立"李家山古墓群警卫中队"，编制为 6 人，归县文物管理所管理。

5. 1998 年 7 月、原玉溪地区文物管理所正式改为"云南省玉溪市文物管理所"，启用新印章。

### 二、以往管理工作概述

1. 1989 年，江川区人民政府公布李家山古墓群为县级重点文物保护单位。

2. 1992 年，由县财政拨专款，文化部门和公安部门共同协商，选派四名联防队员昼夜守护李家山古墓群。

3. 1993 年，由云南省人民政府公布李家山古墓群为省级重点文物保护单位，同时公布了保护范围和建设控制地带。

4. 1995 年，联防队员由四名增加至六名，并配置了警犬和枪支。

5. 1997 年，成立"李家山古墓群警卫中队"，更新了人员和装备。

6. 2001 年，李家山古墓群被公布为第五批全国重点文物保护单位。

另外，江川区政府、县文化局和县文物管理所于 1992 年、1997 年、2000 年多次写出保护李家山的通告，在龙街各村张贴宣传单。

# 第二节 文物保护工作回顾

1. 1975 年，发表云南省江川李家山古墓群发掘报告，《考古学报》1975 年第 2 期。

2. 1991 年 10 月，玉溪地区文物管理所组织对江川李家山古墓遗址调查工作，起草《关于江川李家山古墓抢救性发掘的紧急报告》，为 1992 年大规模考古发掘拉开了序幕。

3. 1992 年 6 月，省文化厅、文物处、考古所和玉溪地委、文化局、文管所和江川区委、县政府等部门负责人先后三次在江川举行李家山古墓发掘整理工作协商座谈会议，并印发《李家山古墓群发掘抢救和出土文物整理工作座谈会纪要》。

4. 1992 年，县财政投资 1.5 万元，在李家山盖看守房一间。

5. 1993 年 11 月，云南省政府发布云政发〔1993〕250 号文件，公布江川李家山古墓群为云南省第四批省级重点文物保护单位。1995 年树立省级文保单位标志碑。

6. 1994 年，省、地、县联合对李家山未发掘墓葬地分布范围进行探测。后来又依据各级行政部门的保护、开发、利用规划，确定了保护范围和建控地带。

7. 1994 年，日本人拍摄 M85 号大墓期间，投资 1.4 万元建盖两间器材房，后作为看守房。

8. 1994 年 10 月，我国第一个县级专业博物馆——云南李家山青铜器博物馆在江川区举行隆重开馆典礼。1992 年第二次考古发现的大部分器物存放在此博物馆。

9. 1997 年 11 月，省考古所和玉溪地区、江川区考古技术人员在江川区青铜器博物馆对 1992 年出土文物进行全面系统的室内修复、绘图、拍摄、整理工作，目前工作已接近尾声。

10. 1997 年 3 月 ~ 4 月，江川李家山连续发生古墓被盗案件，玉溪地区文管所和江川区文管所对被盗挖的 86 号墓葬进行抢救性发掘和清理，抢救出文物 60 余件。江川区委和政府有关领导亲临现场就加强安全保护工作做了重要部署和安排。

11. 1997 年，县财政投资 4 万元盖西南坡岗楼，投资 1 万元架设供电线路。

12. 1999 年 7 月，为了解和掌握我市文物保护单位现状以便落实"四有"工作，玉溪文管所先后组织三批人员对全市各乡镇 77 处文物保护单位进行第一次全面勘察工作，并发布《玉溪市文物保护单位实地勘察情况通报》。

13. 1999 年 9 月，玉溪市文化局召开全市文物保护单位"四有"工作紧急会议。会议传达了全省（迪庆）文物工作会议精神和《国务院关于加强和改善文物工作的通知》，提出了今后三年全市文物保护工作计划和设想。

14. 2001 年，复原 M24、M51、M85、M69 四座大墓开发旅游，给山上联防队员看守房接通了水、电路。同年，退回周围农民 60 亩耕地还林。

此外，国内外学者对研究李家山青铜文化也发表过许多论著，都有收藏，如意大利、德国、阿拉伯、日本等国。

# 第三节　保护区划回顾

1993 年，云南省人民政府公布李家山古墓群为省级重点文物保护单位的时候，同时公布了保护范围和建设控制地带。

1994 年，考虑到李家山上仍存在大片未发掘的墓葬，省地县联合对李家山未发掘墓葬地分布范围进行探测，重新确定了保护范围和建控地带，1995 年重新公布。

2000 年，云南省文化厅在申报李家山古墓群为第五批全国重点文物保护单位的材料中，引用江川区人民政府文件（江政发〔2000〕84 号文件）中公布的保护范围，保护区范围 40663 平方米，建设控制地带 45328 平方米。采用的划定方式是以省保标志碑为中心，外扩一定距离计算。

2003 年，玉溪市城乡规划勘察设计研究院完成《李家山古墓群文物保护规划》，划定重点保护区和一般保护区，保护范围共 40663 平方米，建设控制地带 45328 平方米。

## 第四节　管理评估

根据江川区文物局提供的李家山古墓群相关保护工作情况，结合对现行管理措施的实地调查，建立"管理评估表"，设立评分标准，进行评估。

根据评估统计，确定管理现状评估表。

**管理现状评估表**

| 文物名称 | | 管理状况 | | | | | | | 状态评价 | 管理评估 |
|---|---|---|---|---|---|---|---|---|---|---|
| | | 占地范围（公顷） | 保护范围（公顷） | 控制地带（公顷） | 说明标志 | 记录档案 | 管理机构 | 保护条例 | | |
| 文物本体 | 发掘区 | 1.23 | 4.07 | 4.53 | 有 | 有 | 江川区文物管理所 | 无 | 中 | 中 |
| | 勘探区 | 2.94 | | | | | | | 良 | |
| | 可能分布区 | 不详 | 无 | 无 | 无 | 无 | 无 | 无 | 差 | |
| 文物环境 | | 公布保护区后，李家山上禁止村民垦耕，未见其他措施。 | | | | | | | 差 | 差 |

注：表中数据以目前公布的保护区划为依据。

## 第五节　文物古迹管理问题综述

1. 保护区划未能涵盖东南缓坡滇墓分布区，致使东南坡上仍有村民垦耕、建房、筑坟。盗掘现象屡屡发生。

2. 现有保护区范围以保护碑为中心外扩一定距离的方式界定，未考虑地形、道路等因素，在实际操作上是导致边界不明确，管理不明确的问题。存在管理上的实际可操作性问题。

3. 在遗址现场的管理上，采用人力看守的单一方式，管理难度大、风险大。导致盗墓现象屡有发生，联防队员也常常受到人身威胁。

4. 受地方经济条件限制，地方财政的文物保护资金投入不足，管理设施简陋，保护措施落后。

5. 缺乏系统的李家山文物保护管理条例。

# 第四章　利用评估

## 第一节　利用情况概述

自从江川李家山古墓群被发现后，产生了巨大的社会影响力，也引起了考古界和历史界的关注。地方政府组织了多次文化交流和宣传展览活动，并出版了大型出版物。同时对如何利用李家山古文化资源，发展旅游举行过多次论证。

简述有关利用情况如下：

1. 1993年6月，由江川区委、县政府有关领导及地区文管所有关业务人员送李家山出土文物15件精品前往上海参加中国文物精华展。这是玉溪地区第一次参加全国文物展出。

2. 1994年4月～5月，中日合作"古代稻作王国——古滇贵族墓葬发掘"活动顺利进行，由云南省考古所、玉溪地区和江川区文管所联合对李家山85号墓葬进行发掘清理，出土文物100余件，日本NHK电视摄制组现场拍摄。

3. 1996年3月，大型文物图书《云南李家山青铜器》，由云南人民出版社正式出版发行。

4. 1998年11月，由玉溪市组织召开的"江川李家山青铜文化保护、利用、研究、开发项目论证会"在江川区召开。会议主要议题是：利用青铜文化优势、发展玉溪三湖地区文化旅游产业，迎接昆明世界园艺博览会和西南地区青铜文化秦汉历史研讨会。

5. 2001年，江川区政府投资60多万元修建了一条自徐家头村上山的青石游路，复原了M24、M51、M69、M85四个大墓墓坑用于展示，接通了山上水、电路。

## 第二节　利用评估

从上述利用情况可以看出，长期以来，对李家山古墓群的利用活动主要在出土器物的宣传和展示上，对于遗址本身基本上没有进行过多利用，直至20世纪90年代末，地方政府为发展旅游而将李家山古墓群遗址的开发利用提上日程。

由于一直缺乏对遗址价值和保存现状的认识，地方政府开发利用的模式一开始就定位在建设项目投资开发上。2001年，县政府修建上山的青石游路，同时重新挖开四个大墓墓坑进行展示，开发了李家山遗址旅游。同年，江川区政府拟建"古滇国青铜文化园"，编制了项目策划，但是由于文化和文物部门的介入，目前这个开发项目并没有有效实施。

综上可知，目前对于李家山展示利用状况如下：

1. 对青铜器物的对外宣传展示较多，对遗址现场展示的利用较少。

2. 目前李家山的开发利用，仍处在探讨和策划阶段。

3. 目前已完成的旅游开发策划，基本都缺乏文物保护的理念。

# 第五章　环境评估

评估范围以李家山为中心，地理坐标为东经 102° 45′ 26″ ~ 102° 50′ 43″，北纬 24° 22′ 30″ ~ 24° 26′ 32″，面积约 6586 公顷。

## 第一节　数据支持

美国陆地资源卫星 Landsat 4、5、7 的遥感影像及法国 spot 卫星遥感影像表遥感数据

**环境评估卫星影像资料表**

| 时段 | 卫星 | 数据 | 分辨率 | 成图比例尺 |
|---|---|---|---|---|
| 1974 年 | Landsat4 | MSS | 57 米 | 1 : 600000 |
| 1992 年 | Landsat5 | TM | 30 米 | 1 : 300000 |
| 2000 年 | Landsat7 | ETM | 15 米 | 1 : 200000 |
| 2004 年 | Spot | SPOT | 3 米 | 1 : 50000 |

## 第二节　土地利用变化

2000 至 2004 年间，建设用地大幅增加，从 470.13 公顷增加到 771.45 公顷，增长了 64.09%；林地面积也有所增加，增加了 383.76 公顷，增长了 23.13%。裸地面积增加了 41.93 公顷，增长率为 24.24%。灌丛草地面积减少，减少了 44.83%。耕地面积减少了 23.50 公顷，占 2000 年耕地总量的 1.55%。

从用地变化的空间分布上看，增加的建设用地大部分占用了耕地，而耕地又逐渐侵占原来的灌丛草地。抚仙湖东岸的植被状况有所改善，林地覆盖度增加；但是星云

湖西北和江城至孤山道路沿线的裸地面积增大。

虽然有林地所占比例较高，但森林分布不均，其面积占绝对优势的植被烈性树种单一，群落结构较为简单，不能充分发挥涵养水源、保持水土、调节气候等作用。幼疏林和灌木林保土能力更弱，易受雨水作用造成水土流失。特别是星云湖径流区，人口密集，土地资源不足，人为活动频繁，人均耕地少，乱砍滥伐、私自垦荒现象仍有存在，森林资源破坏严重。

土地利用变化情况表（单位：公顷）

| 时间与变化 | 建设用地 | 耕地 | 林地 | 草地灌丛 | 水域 | 裸地 | 总面积 |
|---|---|---|---|---|---|---|---|
| 2000 年 | 470.13 | 1518.78 | 1659.20 | 1569.29 | 1195.62 | 172.98 | 6586.00 |
| 2004 年 | 771.45 | 1495.28 | 2042.96 | 865.83 | 1195.57 | 214.91 | 6586.00 |
| 变化 | 301.33 | −23.50 | 383.76 | −703.46 | −0.05 | 41.93 | 0.00 |

# 第三节 土地利用类型分布

不同坡度土地利用类型分布表（单位：公顷）

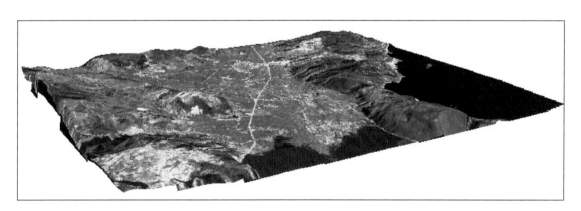

遥感影像与数字高程模型叠加图

| 土地种类 | 0 ~ 5° | 5° ~ 10° | 10° ~ 15° | 15° ~ 20° | 20° ~ 25° | 25° ~ 30° | >30° |
|---|---|---|---|---|---|---|---|
| 建设用地 | 551.87 | 105.68 | 56.84 | 22.42 | 20.01 | 9.34 | 6.14 |
| 耕地 | 1291.74 | 109.01 | 51.77 | 23.88 | 12.81 | 4.94 | 3.34 |
| 林地 | 446.86 | 510.51 | 475.41 | 329.17 | 179.20 | 70.85 | 72.85 |

| 土地种类 | 0～5° | 5°～10° | 10°～15° | 15°～20° | 20°～25° | 25°～30° | >30° |
|---|---|---|---|---|---|---|---|
| 灌丛草地 | 224.03 | 255.79 | 179.73 | 109.28 | 52.57 | 25.08 | 23.75 |
| 水域 | 1031.82 | 59.24 | 27.89 | 13.21 | 7.61 | 4.00 | 2.27 |
| 裸地 | 93.40 | 62.58 | 31.09 | 13.34 | 10.27 | 3.20 | 1.20 |

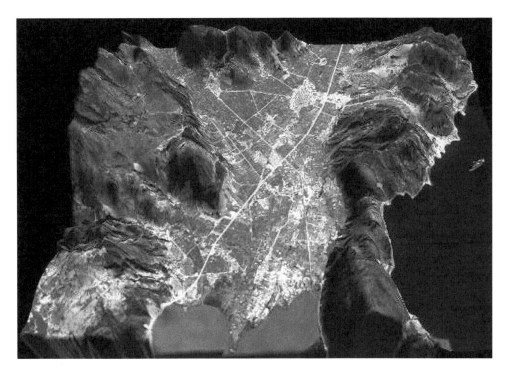

卫星影像生成的地形图

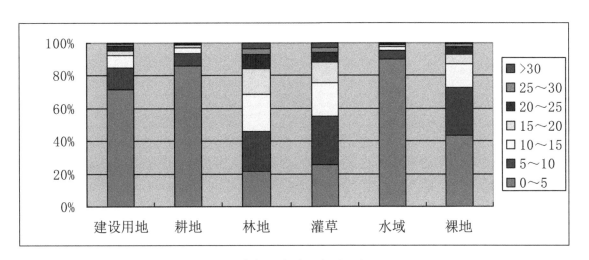

不同坡度土地利用类型分布图

从土地利用类型的坡度分布来看，除林地和灌丛草地之外，其余各类用地都主要集中在 0 度 ~ 10 度这个范围。

不同高度土地利用类型分布表（单位：公顷）

| | <1750 米 | 1750 米 ~ 1800 米 | 1800 米 ~ 1850 米 | 1850 米 ~ 1900 米 | 1950 米 ~ 2000 米 | 2050 米 ~ 2100 米 | >2100 米 |
|---|---|---|---|---|---|---|---|
| 建设用地 | 523.31 | 184.80 | 48.30 | 8.81 | 5.20 | 1.20 | 0.67 |
| 耕地 | 1249.84 | 210.15 | 24.82 | 8.01 | 3.87 | 0.27 | 0.53 |
| 林地 | 299.82 | 503.17 | 587.09 | 389.35 | 168.12 | 66.72 | 70.58 |
| 灌草 | 40.16 | 135.17 | 142.50 | 168.39 | 192.27 | 115.55 | 76.19 |
| 水域 | 1119.48 | 25.22 | 1.07 | 0.27 | 0.00 | 0.00 | 0.00 |
| 裸地 | 20.82 | 48.30 | 26.69 | 86.73 | 24.55 | 7.74 | 0.27 |

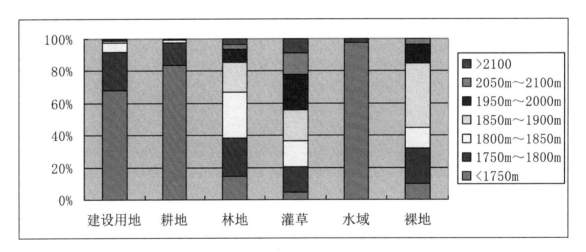

不同高度土地利用类型分布图

从高程分布来看，建设用地、耕地和水域都主要分布在地势较低平的地区；林地、灌丛草地和裸地在各个高程都有分布。

# 第四节　土壤侵蚀潜在危险度评价

水土流失属于土壤侵蚀，它的产生既有自然因素，也有人为因素。

据水利部发布的《土壤侵蚀分级分类标准》（SL190-96），可以通过人口环境容量失衡量、年降水量、植被覆盖度、地表松散物质厚度、坡度、土壤可蚀性、岩性、坡耕地占坡地面积比例等八项指标对土壤侵蚀潜在危险性进行评级。其中自然因素主要包括坡度、年降水量、土壤（地面物质组成）、植被覆盖度四个方面。

1.坡度。地面坡度越陡，地表径流的流速越快，对土壤的冲刷侵蚀力就越强。坡面越长，汇集地表径流量越多，冲刷力也越强。

2.植被覆盖度。达到一定郁闭度的林草植被有保护土壤不被侵蚀的作用。郁闭度越高，保持水土的越强。

3.年降水量。产生水土流失的降雨，一般是强度较大的暴雨，降雨强度超过土壤入渗强度才会产生地表（超渗）径流，造成对地表的冲刷侵蚀。

4.地面物质组成。质地松软，遇水易蚀，抗蚀力很低的土壤，如黄土、粉沙壤土等是产生水土流失的对象。

土壤侵蚀潜在危险度指的是生态系统失衡后出现的土壤侵蚀危险程度。它首先用于评估、预测再无明显侵蚀区引起侵蚀和线状侵蚀区加剧侵蚀的可能性大小；其次，表示侵蚀区以当前侵蚀速率发展，该土壤层承受的侵蚀年限（抗蚀年限），以评估和预测侵蚀破坏土壤和土地资源的严重性。

**土壤侵蚀潜在危险度评级标准表**

| 级别 | 评分值 | 侵蚀因子 | | | | | | | |
|---|---|---|---|---|---|---|---|---|---|
| | | （f1）人口环境容量失衡度（%） | （f2）年降水量（mm） | （f3）植被覆盖度（%） | （f4）地表松散物质厚度（m） | （f5）坡度（°） | （f6）土壤可蚀性 | （f7）岩性 | （f8）坡耕地占坡地面积比例（%） |
| 1 | 0～20 | <20 | <300 | >85 | <1 | 0～8 | 黑土、黑钙土类、高山及亚高山草甸土类 | 硬性变质岩、石灰岩 | <10 |
| 2 | 20～40 | 20～40 | 300～600 | 85～60 | 1～5 | 8～15 | 褐土、棕壤、黄棕壤土类 | 红砂岩、砂砾岩 | 10～30 |
| 3 | 40～60 | 40～60 | 600～1000 | 60～40 | 5～15 | 15～25 | 黄壤、红壤、砖红壤土类 | 第四纪红土 | 30～50 |
| 4 | 60～80 | 60～100 | 1000～1500 | 40～20 | 15～30 | 25～35 | 黄土母质类土壤 | 泥质岩类 | 50～80 |

| 级别 | 评分值 | 侵蚀因子 | | | | | | | |
|---|---|---|---|---|---|---|---|---|---|
| | | （f1）人口环境容量失衡度（%） | （f2）年降水量（mm） | （f3）植被覆盖度（%） | （f4）地表松散物质厚度（m） | （f5）坡度（°） | （f6）土壤可蚀性 | （f7）岩性 | （f8）坡耕地占坡地面积比例（%） |
| 5 | 80 ~ 100 | >100 | >1500 | <20 | >30 | >35 | 沙质土、砂性母类、漠境土类 | 黄土、松散风化物 | >80 |
| 权重（wL） | | （w1）0.20 | （w2）0.15 | （w3）0.14 | （w4）0.13 | （w5）0.12 | （w6）0.10 | （w7）0.08 | （w8）0.08 |

注　人口环境容量失衡度系指实有人口密度超过允许的人口环境容量的百分数。

根据各侵蚀因子 f1，f1，……，f8 的评分值，分别乘其权重值 w1，w2，……，w8 之和为总分值，由总分值的多少按表中的总分值确定侵蚀潜在危险度的等级。总分值的计算式如下：

$$P=\sum_{i=1}^{n=8} f_i w_i$$

# 一、土壤潜在侵蚀危险度评分

## （一）人口环境容量失衡度

人口环境容量一般考虑水资源人口容量、粮食人口容量、土地人口容量等三项指标。受所掌握数据的限制，仅以粮食人口容量来粗略估计江城镇的人口环境容量。据 2005 年鉴，江城镇总人口 69230 人，粮食总产量 1769.24 万千克。参照我国的营养标准，计算出各营养级别对应的人口容量，并由此计算出失衡度。

**粮食人口容量失衡度表**

| 类型 | 我国营养标准（kg/人） | 人口容量（人） | 失衡度（%） |
|---|---|---|---|
| 基础营养型 | 290 | 61008.28 | 13.48 |
| 小康型 | 350 | 5281.313 | 31.08 |
| 标准型 | 383 | 46194.26 | 49.87 |

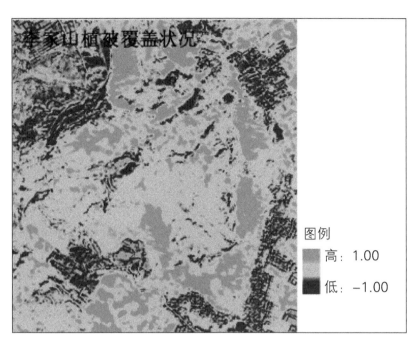

李家山植被覆盖状况图

通过以上计算，将江城镇人口环境容量失衡度定为第二个级别（20%～40%）。

**（二）年降水量**

产生水土流失的降雨，一般是强度较大的暴雨，降雨强度超过土壤入渗强度才会产生地表（超渗）径流，造成对地表的冲刷侵蚀。

李家山古墓群所处的地区年平均降水量为970毫米，在表中为第三个级别（600毫米～1000毫米）。

**（三）植被覆盖度**

达到一定郁闭度的林草植被有保护土壤不被侵蚀的作用。郁闭度越高，保持水土的越强。由2004年Spot卫星遥感影像图计算归一化植被指数（NDVI, normalized difference vegetation index），得到研究区的植被覆盖度分布图。

**（四）地表松散物质厚度**

研究区除水域外，分为山地和平原两个区域。山地由于长期受雨水侵蚀，土层厚度较小；山地冲刷下来的地表松散物质堆积在平原区，使得平原区的土层厚度较大。按标准，分别将山地和平原区的地表松散物质厚度定为第二个级别（5米～15米）和第五个级别（>30米）。

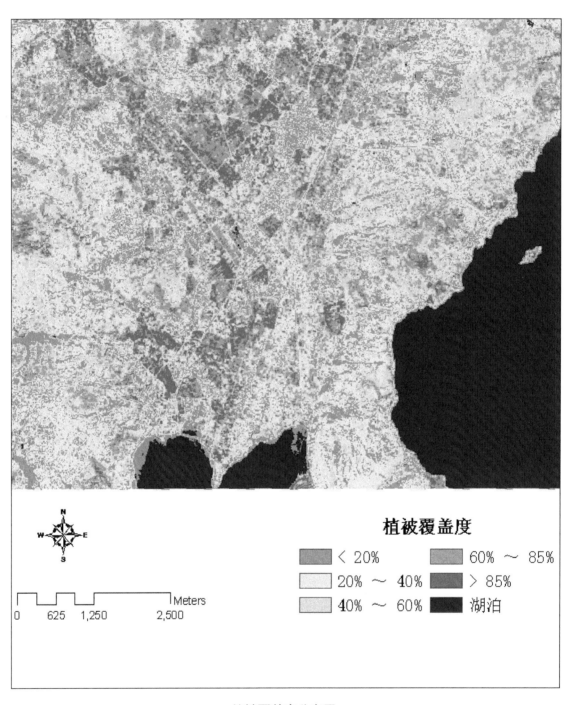

植被覆盖度

- 植被覆盖度 < 20%
- 20% ～ 40%
- 40% ～ 60%
- 60% ～ 85%
- > 85%
- 湖泊

植被覆盖度分布图

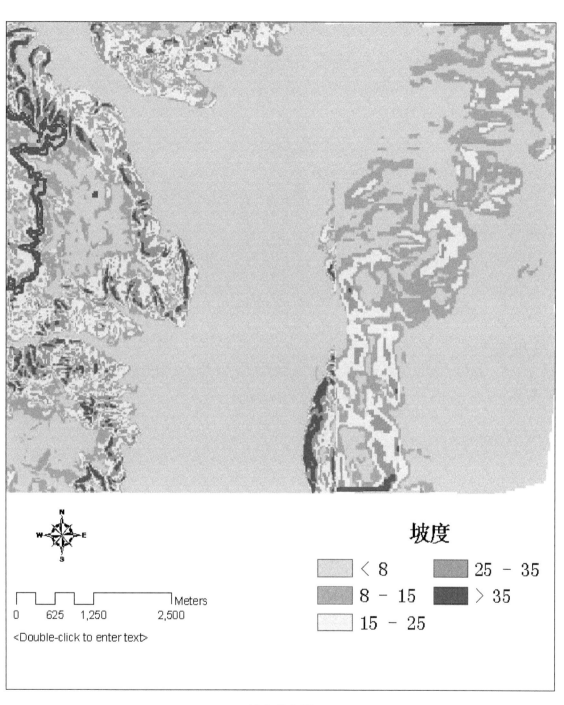

坡度分布图

## （五）坡度

地面坡度越陡，地表径流的流速越快，对土壤的冲刷侵蚀力就越强。坡面越长，汇集地表径流量越多，冲刷力也越强。

运用 GIS 专业软件 Arcgis 的空间分析功能，由等高线图（1980 年）和 DEM 图（2000 年）计算坡度，生成研究区的坡度分布图，并依据坡度的指标进行分级。

## （六）土壤可蚀性

不同质地的土壤具有不同的可蚀性。质地松软、结构松散、遇水易蚀的土壤，抗蚀力较差，往往是产生水土流失的对象。

李家山古墓群所处地区的土壤主要是红壤，对应表中的第三个级别。

## （七）岩性

李家山所处地区的岩性主要是玄武岩和沉积岩。根据现场观测，将研究区岩性指标定为第一级（硬性变质岩、石灰岩）。

## （八）坡耕地占坡地面积比例

根据 2004 年遥感影像图的解译结果，研究区内坡度 5 度以上土地面积为 2946.27 平方千米，坡度 5 度以上的坡耕地面积为 203.54 平方千米。由此可计算出坡耕地占坡地面积比例为 6.91%，为表中的级别一（<10%）。

# 二、土壤侵蚀潜在危险度分级

**土壤侵蚀潜在危险度的分级表**

| 潜在危险分级 | 总分 |
| --- | --- |
| 无险型 | <10 |
| 轻险型 | 10 ~ 30 |
| 危险型 | 30 ~ 50 |
| 强险型 | 50 ~ 80 |
| 极险型 | >80 |
| 毁坏型 | 裸岩、明沙、土层不足 10 厘米 |

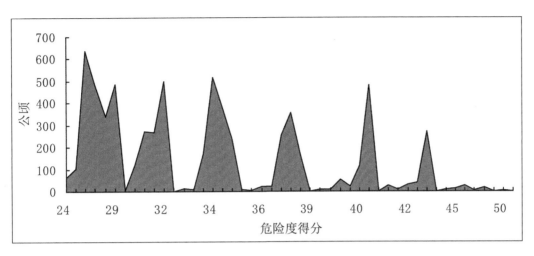

危险度得分面积分布图

从评价结果看，研究区的土壤侵蚀危险度得分大致分布在 20 ~ 50 之间，危险级别主要是危险型，部分属于轻险型和强险型。考虑到危险度得分的分布情况，将危险型这一级别细分为一般危险、比较危险和非常危险三个级别。

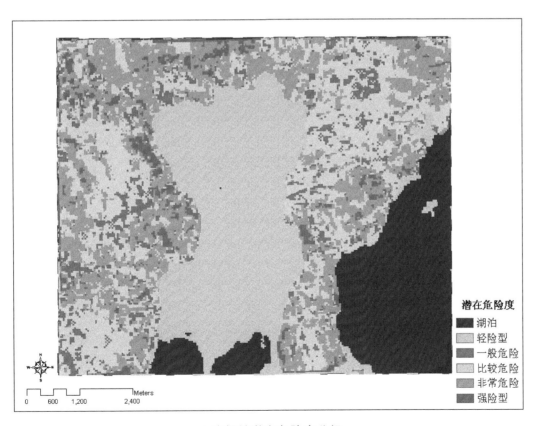

土壤侵蚀潜在危险度分级

危险程度较高的区域主要分布在坡度较陡、植被覆盖差的地方，危险程度较低的区域主要分布在山顶地势较为平坦、林木生长良好的地方。山下平原由于地势低平，潜在危险度最低。

水蚀区危险度分级表

| 级别 | > 临界土层的抗蚀年限（a） |
|---|---|
| 无险型 | >1000 |
| 轻险型 | 100～1000 |
| 危险型 | 20～100 |
| 强险型 | <20 |

注：1. 临界土层系指农、林、牧业中林、草、作物种植所需土层厚度的低限值，此处按种草所需最小上层厚度10厘米为临界土层厚度。2. 抗蚀年限系指大于临界值的有效土层厚度与现状年均侵蚀深度的比值。

根据评价分级结果，研究区土壤潜在侵蚀危险度为危险型，尤其是非常危险级别的区域，如不及时采取有效的水土流失防治措施，其表层土壤将在数十年时间内侵蚀殆尽；而强险型级别的区域抗蚀能力更加脆弱，面临更严峻的侵蚀危险，亟待加强保护和治理。

# 第六章　评估图

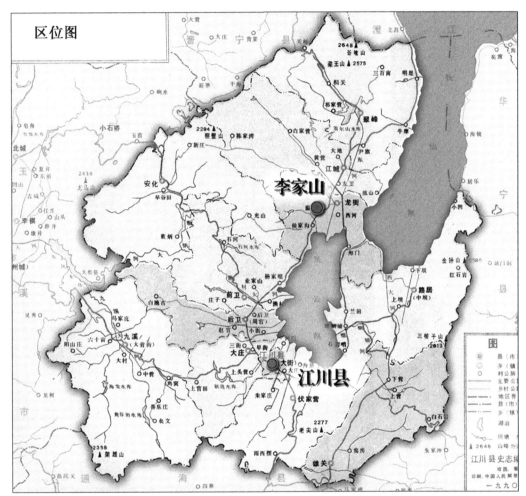

**区位图**

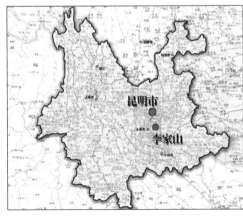

江川区在昆明以南100千米。位于云南省中部玉溪市以东，抚仙湖西南方，与晋宁，澄江，华宁，通海四县接壤，地理坐标 东经102°35′～102°55′，北纬24°12′～24°32′，国土面积850平方千米。

李家山地处东经102°47′13″，北纬24°24′08″。位于江川县城北约12公里处的江城坝子 南边缘。背靠多依山，南临星云湖，登山顶俯瞰坝区良田万顷、远处湖光山色，景色宜人。

区位现状图

75

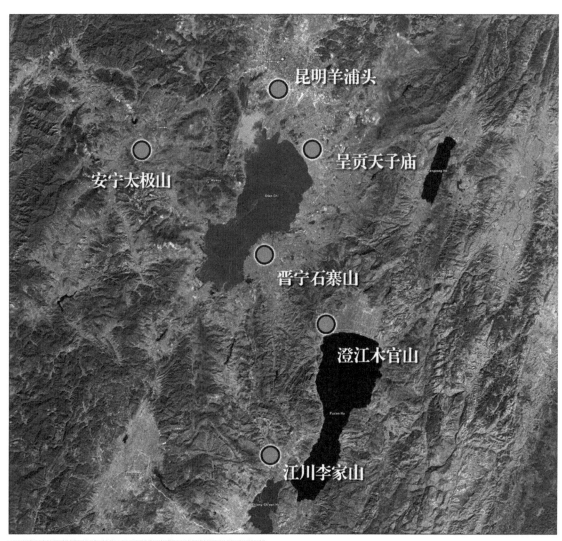

主要滇墓分布图

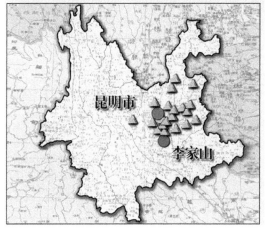

滇文化分布图

滇王之印

滇文化与主要滇墓分布图

江川县文物点分布图

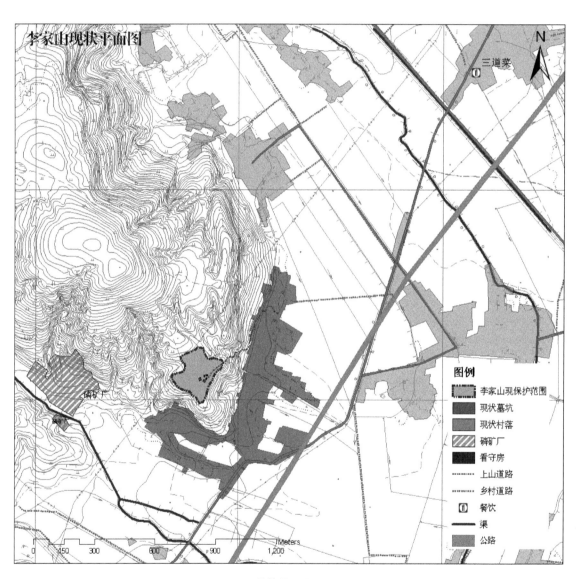

现状平面图

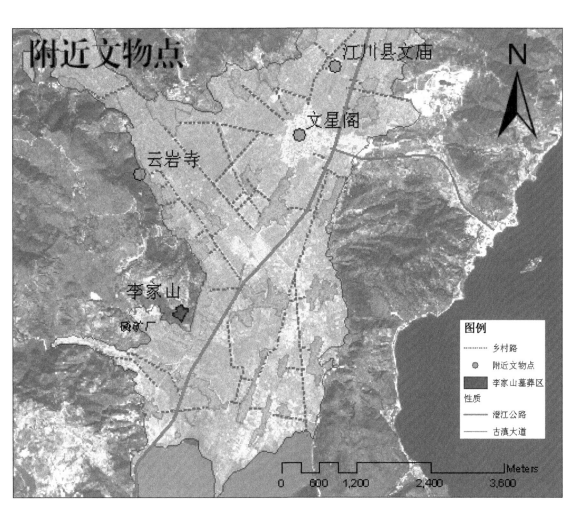

附近文物点

铜枕（17号墓）

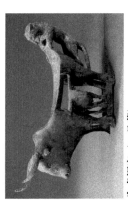

牛虎铜案（24号墓）

图例

推测年代

不明

汉武帝前

西汉中期至晚期

西汉晚期至东汉初

东汉前期

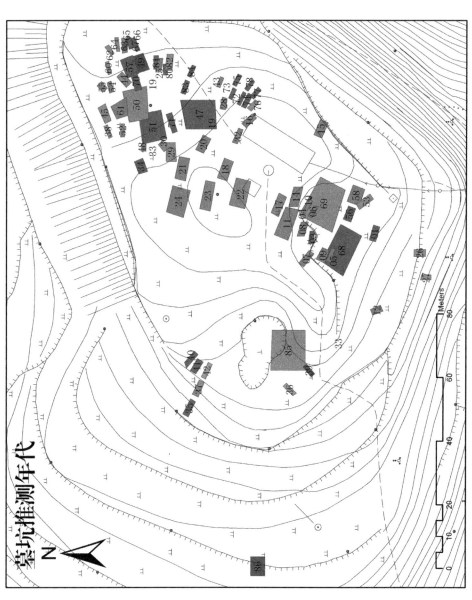

墓坑推测年代

墓坑推测年代

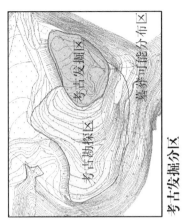

考古发掘分区

图例

分区

　考古勘探区

　考古发掘区

发掘时间

　1972

　1992

　1994

　1997

　不详

墓坑发掘时间

墓坑发掘时间

N

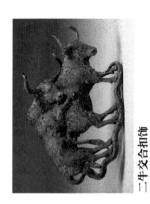

二牛交合扣饰

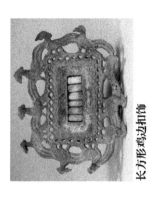

长方形鸡边扣饰

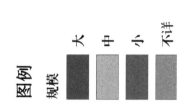

图例

规模

大 中 小 不详

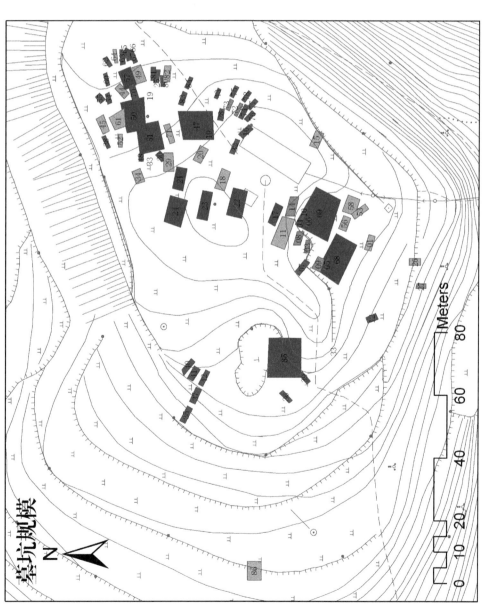

墓坑规模

墓坑土壤及祭祀坑分布信息

骑马场面铜鼓

祭祀场面鼓形贮贝器（69号墓）

执伞甬（47号墓）

贮贝器

图例

祭祀坑

回填土 当地土

羊肝土

墓坑土壤及祭祀坑分布信息

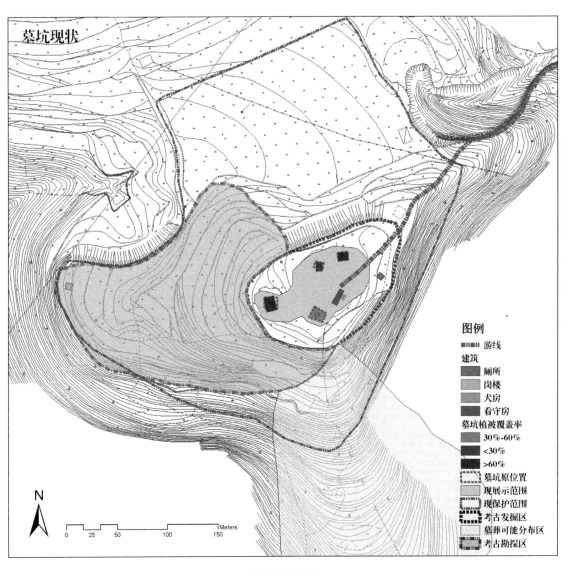

墓坑现状图

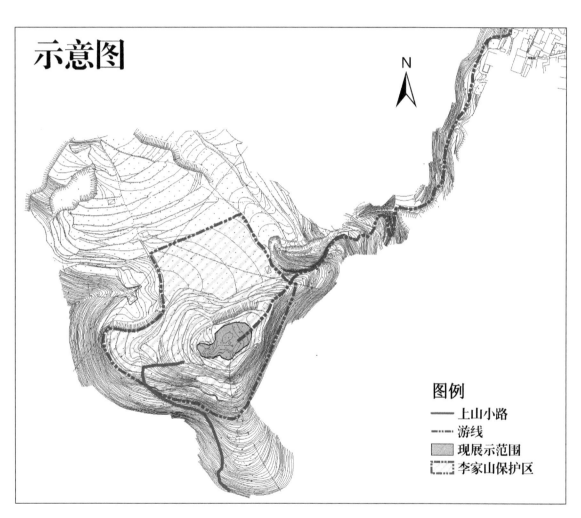

墓坑示意图

图例
—— 上山小路
---- 游线
▨ 现展示范围
▨ 李家山保护区

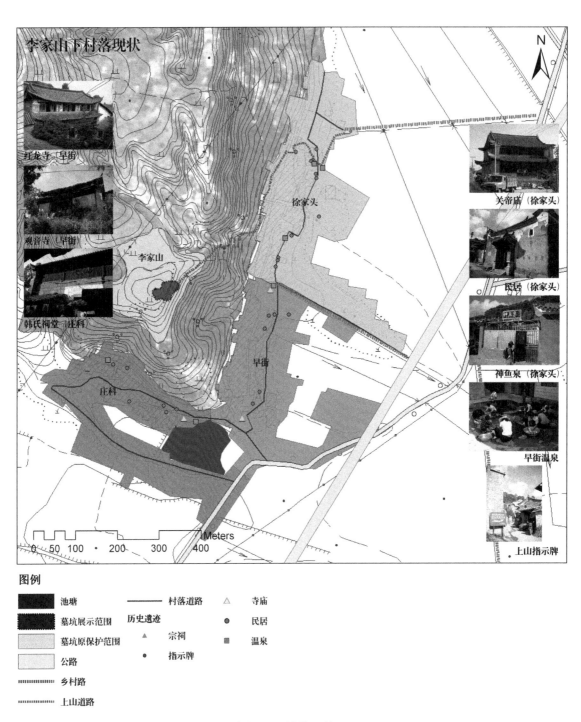

李家山下村落现状图

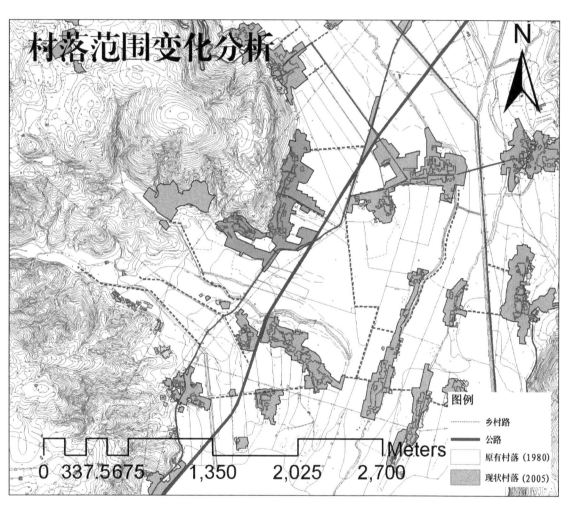

村落范围变化分析图

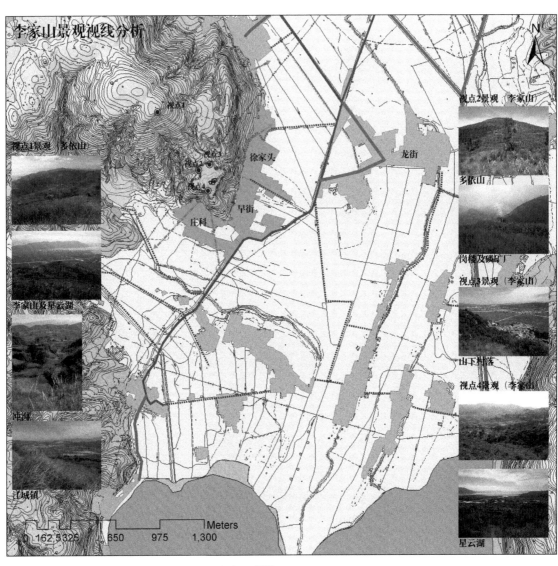

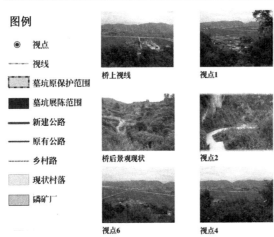

李家山景观视线分析图

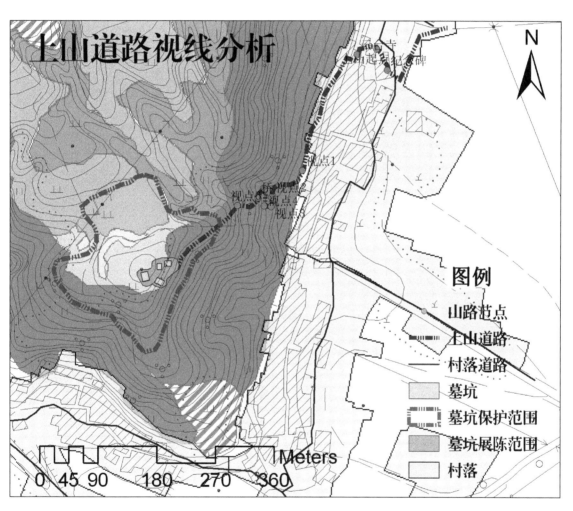

上山道路视线分析图

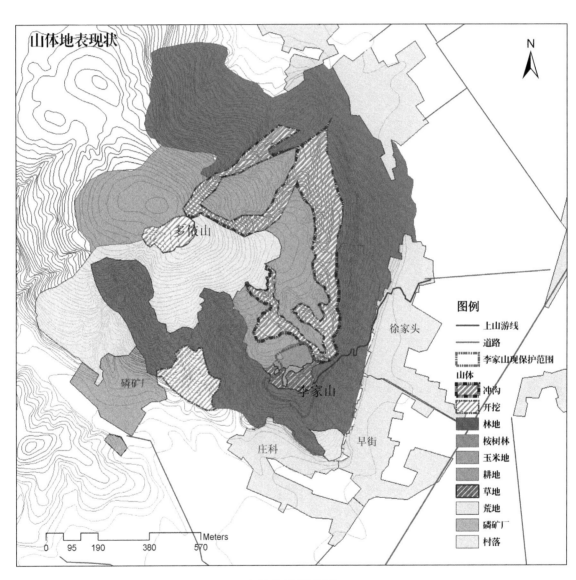

山体地表现状图

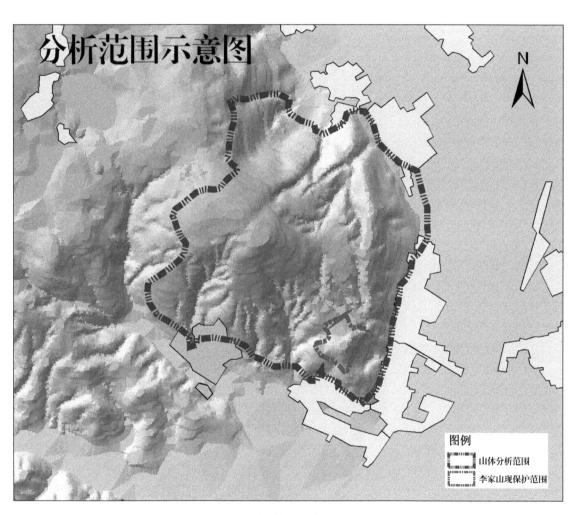

分析范围示意图

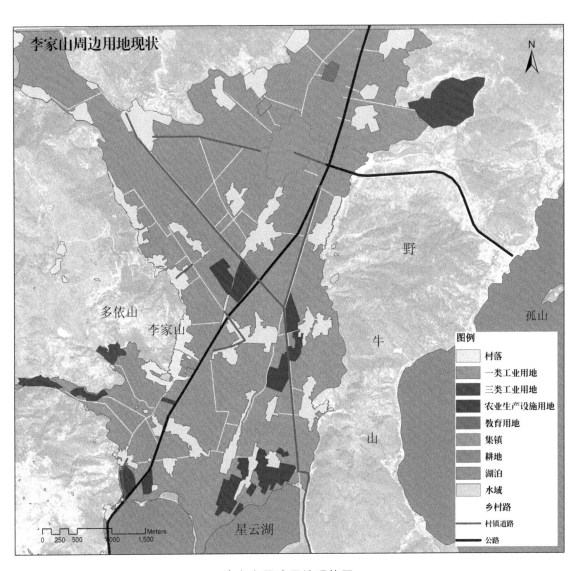

李家山周边用地现状图

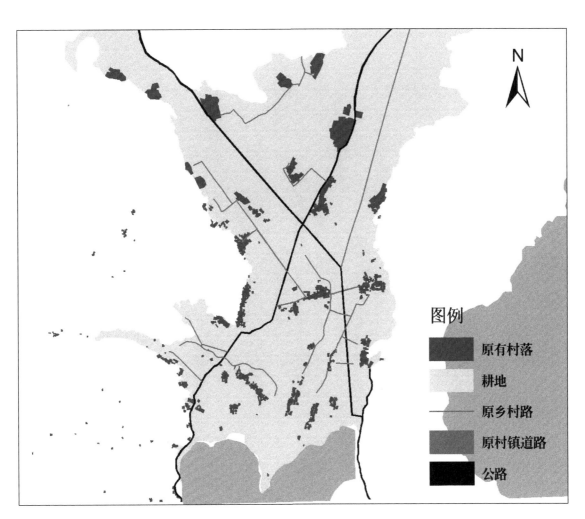

20 世纪 80 年代用地状况

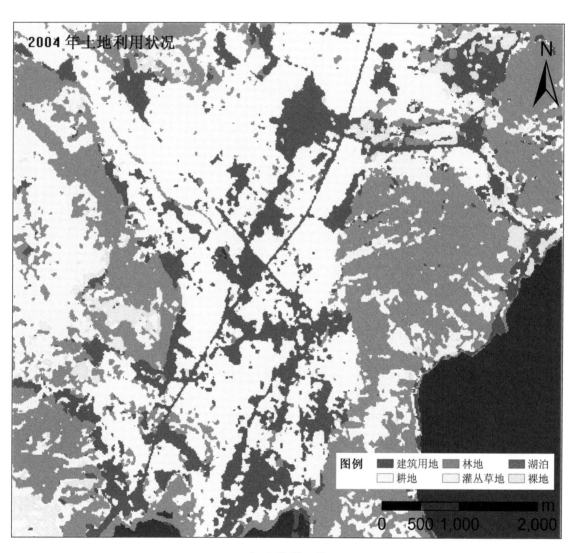

2004 年土地利用状况图

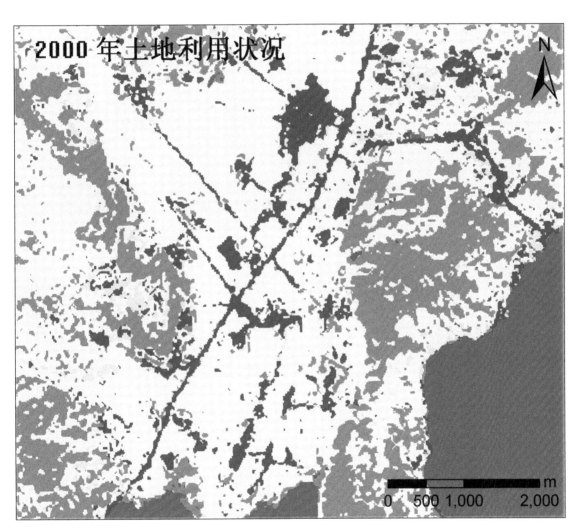

2000 年土地利用状况图

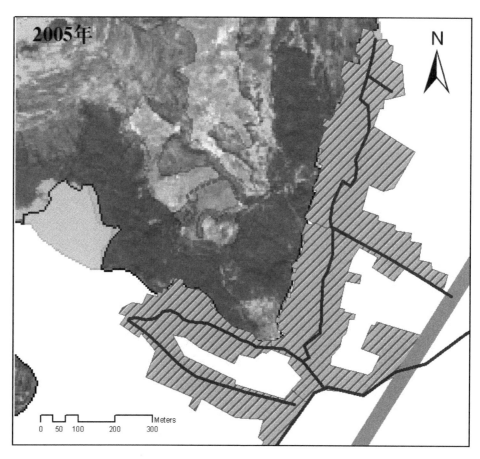

## 山体植被变化

图例

- ▨ 山下村落
- ⬚ 现保护范围

山上植被状况

- ■ 林地
- ■ 桉树林
- □ 耕地
- ■ 草地
- ■ 玉米地
- ■ 荒地
- ■ 冲沟
- ■ 开挖

**2005 年李家山状况**

地形变化图（一）

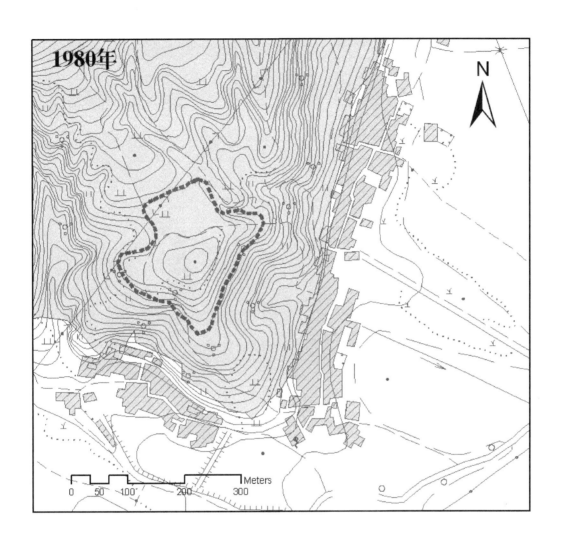

**1972 年李家山状况**

图例

▪▪▪ 现保护范围
▨ 耕地
▨ 原有村落

地形变化图（二）

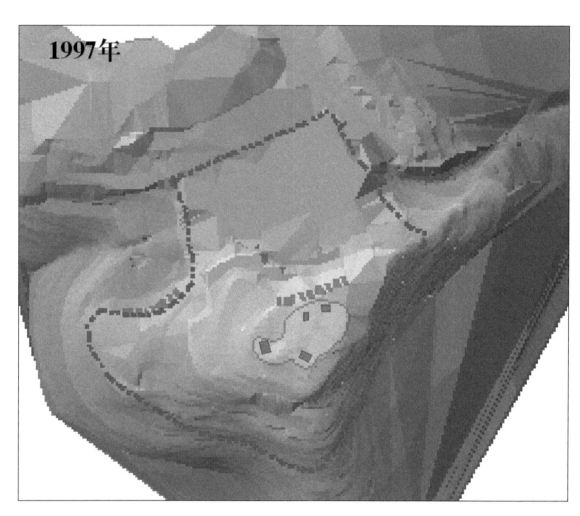

1997年

山顶地形变化

图例

展示墓坑
现展示范围
现保护范围
新的断坎

地形变化图（三）

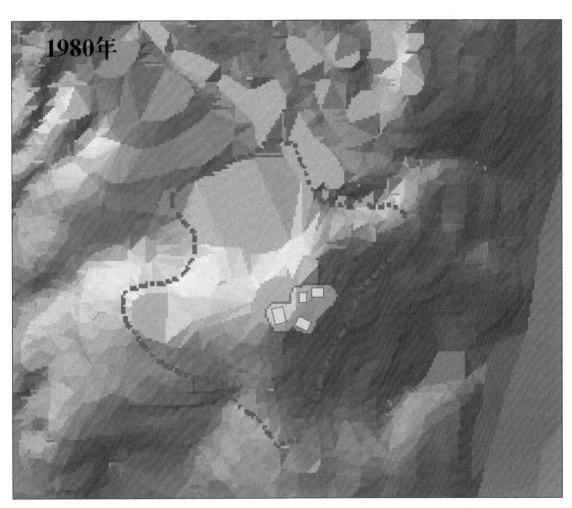

1980年

图例

展示墓坑

展示范围

现保护范围

地形变化图（四）

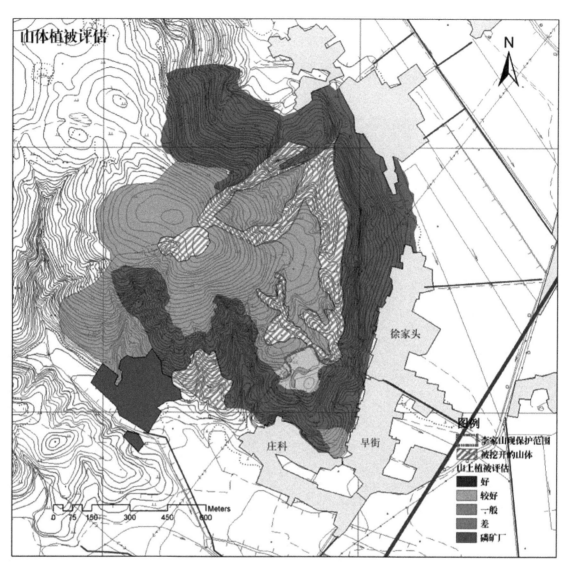

结合现场调查和卫星影像分析，
对李家山山体的植被覆盖状况进行评估。

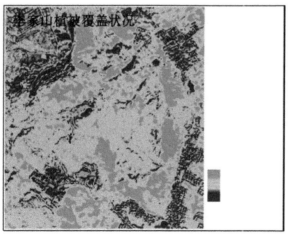

山上用地评估图

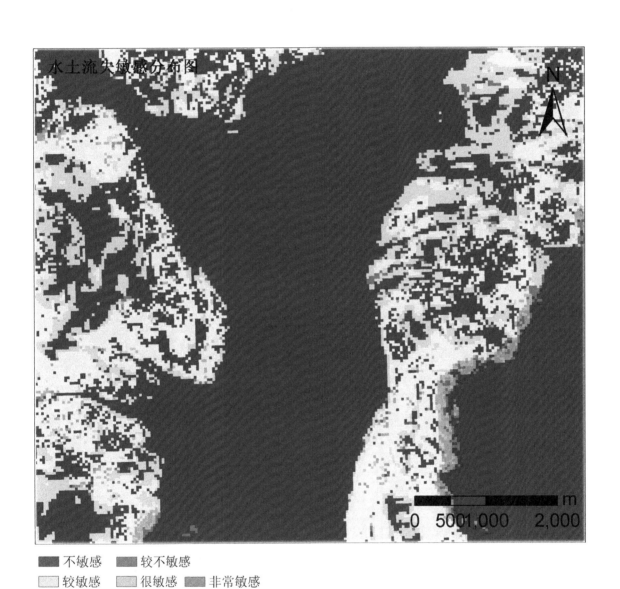

不敏感　较不敏感　较敏感　很敏感　非常敏感

水土流失敏感分布图

**101**

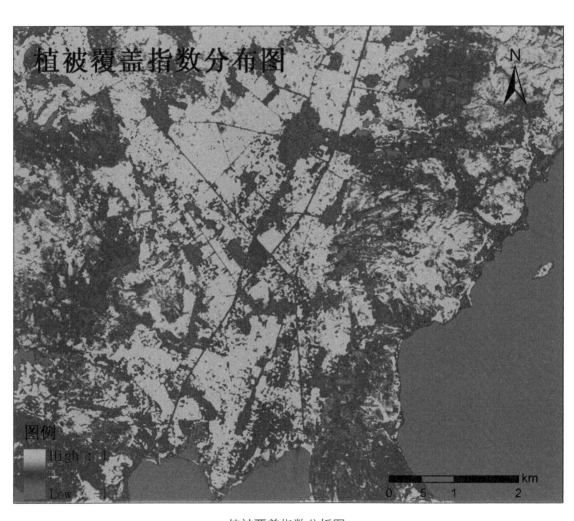

植被覆盖指数分析图

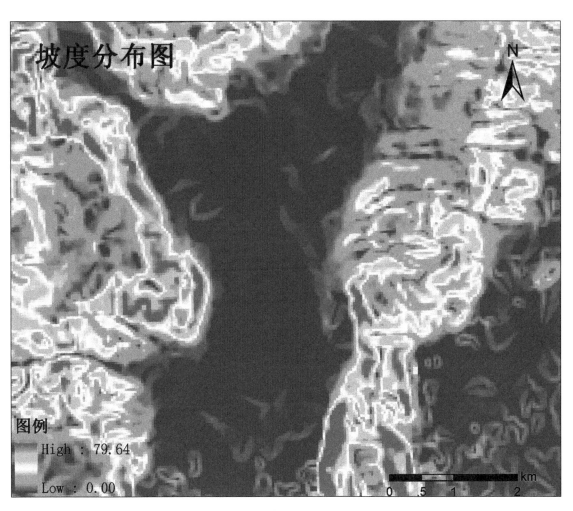

坡度分布图

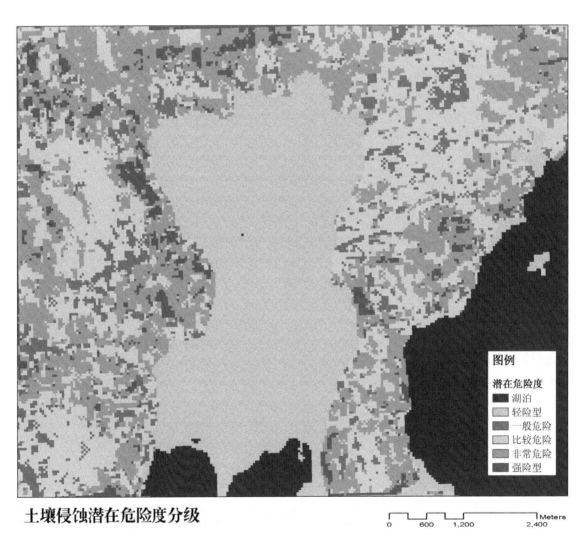

土壤侵蚀潜在危险度分级

**图例**

潜在危险度
- 湖泊
- 轻险型
- 一般危险
- 比较危险
- 非常危险
- 强险型

0　　600　　1,200　　　　2,400　Meters

土壤侵蚀危险度图

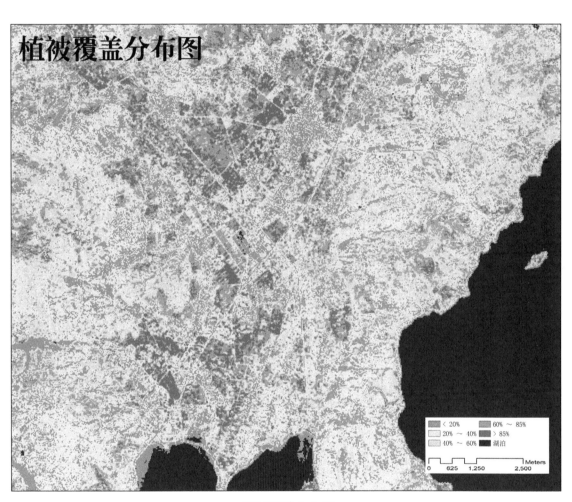

植被覆盖分布图

李家山山顶视域范围图

图例
上山游线
李家山
可视
不可视

上山游线的视域范围图

规
划
篇

# 第一章　规划条文

## 第一节　规划总则

### 一、编制背景

为有效保护我国云南省玉溪市江川李家山古墓群丰富而珍贵的文化遗产，促进中华民族史和文化遗产的研究工作，进行爱国主义教育，科学、合理、适度地发挥文化遗产在现代化建设中的积极作用，特编制本规划。

### 二、适用范围

本规划为云南省江川李家山古墓群文物保护总体规划，是针对文物保护的专项规划，依据国家有关文物保护的各项法律法规文件编制而成，依法审批后，作为江川李家山古墓葬群文物保护工作的法规性文件。

### 三、编制依据

**（一）主要依据**
—《中华人民共和国文物保护法》（2002 年 10 月）

—《中华人民共和国文物保护法实施条例》（2003 年 7 月）

—《全国重点文物保护单位保护规划编制要求》（2005 年）

—《中华人民共和国城市规划法》（1990 年）

—《中华人民共和国环境保护法》（1989 年 12 月）

—《国务院关于加强和改善文物工作的通知》（1997 年）

—《全国重点文物保护单位保护范围、标志说明、记录档案和保管机构工作规范（试行）》（1991 年）

### （二）参考文件

《关于保护景观和遗址的风貌与特征的建议》（1962 年）

《考古遗产保护与管理宪章》（1972 年）

《中国文物古迹保护准则》（2002 年）

《云南省实施〈中华人民共和国水土保持法〉办法》（2002 年）

《云南省星云湖管理条例》（2004 年）

## 四、指导思想

李家山古墓群是云南省重要的滇国墓葬之一，也是玉溪市重要的文化资源。考虑到李家山古墓群出土的青铜器具有的广泛国际影响，考虑到李家山目前仍有大片墓葬未被发掘，同时，也考虑到文物资源需要进行合理利用和宣传。规划编制将坚持"保护为主，抢救第一、合理利用、加强管理"的文物工作方针，正确处理文物保护和利用开发的关系，加强和改善玉溪地区的文物保护工作，编制具有科学性、合理性和前瞻性，并具有可操作性的规划，促进区域社会、经济、文化的协调发展。

## 五、规划期限（参考建议）

（1）近期 2006 年 ~ 2010 年（Ⅰ期）

（2）中期 2011 年 ~ 2015 年（Ⅱ期）

（3）远期 2016 年 ~ 2026 年（Ⅲ期）

## 六、规划范围

江川李家山古墓群文物保护区位于云南省玉溪市江川区北约 12 千米处的江城坝子南边缘，地理坐标为东经 102° 45′ ~ 102° 50′，北纬 24° 22′ ~ 24° 26′。江川李家山文物保护区距昆明市 86 千米，位于抚仙湖以西、星云湖以北的江城坝子南部龙街和温泉村一带。

江山李家山古墓群保护区辖区面积约 6586 公顷。

规划范围内的图纸以两类基础资料为基准，其中东经 102° 45′ 26″ ~ 102° 50′ 43″；北纬 24° 22′ 30″ ~ 24° 26′ 32″范围内以云南省测绘局 1982 年颁布的 1980 年测绘图为基准，以外范围以法国 SPOT 卫星公司提供的 2004 年 12 月该地区 2.5 米精度卫星遥感图为基准。

### 七、规划对象

主要针对全国重点文物保护单位云南省江川李家山古墓群遗址专项保护规划。

## 第二节　规划原则和策略

### 一、规划原则

1. 保护为主、抢救第一、合理利用、加强管理。
2. 以保护遗存的真实性为基本原则，保障文物遗存的完整性和安全性。
3. 保护遗存载体和相关历史环境的完整性和安全性。
3. 以可持续的保护文物为目标、兼顾生态环境保护和合理利用。

### 二、保护策略

1. 尽可能减少对遗存本体的干预，保障文物的真实性、完整性、安全性。
2. 提高保护措施的科学性。
3. 合理协调文物保护与地方经济的关系。
4. 强调文物环境保护，注重文物保护与生态环境保护相结合。
5. 加强日常管理和维护，强调考古发掘的保护意识，预防灾害侵袭。
6. 坚持科学、适度、持续、合理的利用。

7. 提倡公众参与，注重普及教育。

## 三、规划目标

目标是使云南省江川李家山古墓群得到有效保护和合理利用，使之在促进我国社会主义精神文明建设和物质文明建设，宣传我国多民族的悠久历史和灿烂文明等方面发挥积极作用。并在此前提下，选择合理的利用方式，追求文物保护和经济效益的协调发展。

## 四、文物保护规划的主要内容

### （一）保护对象

主要针对全国重点文物保护单位云南省江川李家山古墓群遗址的专项保护规划。

### （二）规划重点

1. 考察文物历史脉络及相关历史研究状况。

2. 勘测与分析文物及其环境现状。

3. 对文物现存状况，文物价值，文物管理现状以及文物利用现状进行评估。

4. 制定与评估结论相应的保护措施，包括有关的工程经济指标和分期规划。

5. 根据规划指导思想，结合文物保护单位具体地形、地貌划定保护范围，建设控制地带，并制定相应的控制管理要求。

6. 规定开放要求，提出展陈方案和意见。

7. 提出完善管理机构的建议和工作目标。

## 五、保护规划实施要求

1. 原址保护；保护现存实物原状与历史信息；已不存在的建筑不应重建。

2. 现阶段保护区划的范围涵盖已探明的有保护价值的不可移动的文物遗存，规划实施中应及时贯彻规划中对新考古发现以及研究成果制定的应变要求。

3. 强调现状保护的意义，对所有保护工程采取审慎的态度，论证为先，实施为后，避免保护性破坏。

4. 尽可能减少干预；按照保护要求合理使用保护技术；强调文物环境保护；定期实施日常保养。

5. 强调考古发掘的保护意识，把考古工作的重点放在考古调查和勘探方面，争取首先明确李家山古墓群完整分布范围。实施保护工程前必须进行必要的考古工作。考古工作应按照《中华人民共和国文物保护法》的各条要求实施。

6. 预防自然和人为性灾害侵袭。

7. 加强文物保护的宣传教育，增强全民文物保护的意识，鼓励文物保护的科学研究。

# 第三节　保护区划

## 一、区划策略和要求

### （一）区划策略

依据各个专项评估结论，根据文物保护的安全性、整体性要求，根据实际管理操作的可行性要求，参照政府历次公布的保护范围，对李家山古墓群的保护范围重新进行界定。

### （二）保护区范围的划定和总体要求

1. 界划依据

—遗存现存状况以及可能分布情况。

—遗存保护的安全性和保存的完整性。

—遗址所在地城乡建设发展现状与趋势。

2. 根据实际情况将保护范围划分为重点保护区和一般保护区。

—重点保护区是指重要文物遗存分布和遗存分布密集的地带。

—一般保护区是指保护范围内除重点保护区外的区域。

3. 保护区范围内的各项活动应遵循《文物保护法》的有关要求

4. 保护区的划定分为两方面：一是对原有保护区的调整和界定；二是对原来没有界定的遗址区域进行划定。二者皆在详细调查的基础上，要求保护区能够完全覆盖已知地上地下文物，并且留有一定缓冲区域。

5. 根据现有国家文物局对制定保护区划的精神要求，在划定时要充分考虑地形和环境因素，力求保护区清晰合理，易于辨识区分。

**（三）建设控制地带的划定和总体要求**

1. 在保护范围外，将需要保护环境风貌与限制建设项目的区域划分为文物保护单位的建设控制地带。规划要求：

——尽可能囊括与文物保护单位相关密切的历史地理环境。

——能够形成文物保护单位的完整、和谐的视觉空间和环境效果。

——能够控制直接影响文物保护单位的环境污染源（包括水系污染、噪音、有害气体排放等）。

2. 建设控制地带范围内可根据各种环境因素对文物构成影响的程度（如环境风貌、视域景观等）分类划分区块、制定相应的管理要求，以利于区分管理控制强度。

**（四）范围限定**

划定各文物保护单位的保护范围具体界限时，尽量以明确的标识为依托，以较明确的可识别的物理边界做界定，以便文物管理部门落实现场立桩标界工作以及日后管理工作的执行。

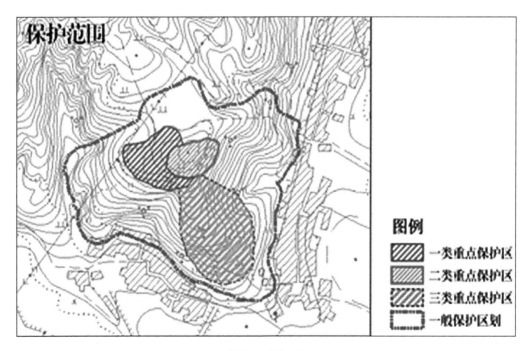

保护区分级图

## 二、保护区范围

保护区范围总面积 12.82 公顷，分为重点保护区和一般保护区，其中重点保护区依据各自的情况分为三类。

### （一）I 类重点保护区（西南坡勘探区）

位于李家山山顶西南坡勘探区，1994 年经勘探，明确此区域内至少仍有 200 座滇墓埋于地下，明确了保护的四至范围，大致简述如下：

——东至 M85 号大墓西侧边界。

——西至岗楼处，以岗楼下栎树林为界。

——南至地形陡坡处，即目前李家山南坡栎树林的上界。

——北至桉树幼林边界和西北断崖处。

I 类重点保护区面积：0.93 公顷。

### （二）II 类重点保护区（山顶发掘区）

位于李家山山顶发掘区，是 1972 年和 1992 年两次大规模发掘的主要地点，此区域内墓葬已基本清理完毕。目前属于遗址展示区和管理用房所在地。保护的四至范围简述如下：

——东至李家山东面陡坡，即目前看守房东面的陡崖。

——西至 M85 号大墓西界。

——南至地形陡坡处，即目前李家山南坡栎树林的上界。

——北至山顶区北面的断崖处，即位于 M24 和 M51 北侧的断崖。

II 类重点保护区面积：0.58 公顷。

### （三）III 类重点保护区（东南坡可能分布区）

位于李家山东南坡可能分布区，原有保护区划未涵盖此区域。

经考古专家勘测，李家山东南方向与旱街村相连的一大片缓坡区域仍有大片滇时期墓葬埋于地下，考古专家推测应该属于李家山较晚期的滇墓分布区域。自 1992 年以来，多次发生盗墓事件。

根据考古专家推测，划定大致范围，具体见规划图。

III 类重点保护区面积：2.37 公顷。

## （四）一般保护区

综合考虑李家山的墓葬分布情况和周边环境状况，依据专项评估结论，将李家山的主体部分划为保护区的外界，简述四至边界如下：

—东至李家山东麓，与早街村的交界处。

—西至李家山与多依山之间的山谷。

—南至李家山与庄科村交界处。

—北至李家山与四谷堆山之间的冲沟带，以及与多依山的交接带。

—一般保护区总面积：8.94 公顷。

# 三、建设控制地带

根据评估结论，为有效保护李家山古墓群遗址本体的安全性及相关历史环境的真实性和完整性。划分三类建筑控制地带，逐级控制相关历史环境的因素。总面积为 83.52 公顷。

## （一）I类建设控制地带

位于紧邻李家山西北侧的高大多依山山体部分。多依山山体植被稀少，垦耕过度，水土流失严重，山体出现巨大的裂隙，严重影响位于下方的李家山山体的安全性。范围划定的依据参照视域分析，范围简述如下：

—东至四谷堆山东麓，与徐家头村交界处。

—西至多依山山头和多依山南部山脊。

—南至多依山南部山麓，庄科至磷矿厂的公路。

—北至多依山山头和多依山东脊。

I类建设控制地带面积：4.10 公顷。

## （二）II类建设控制地带

位于李家山山下的三个自然村落的半环状区域，是距离李家山遗址最近的人为活动区域。范围简述如下：

—东至澄川公路，东北至村级公路（至云岩寺）。

—西至李家山山脚。

—南至庄科村南侧的村级公路。

保护区划总图

—北至李家山山脚。

Ⅱ类建设控制地带面积：11.79公顷。

**（三）Ⅲ类建设控制地带**

位于澄川公路东侧直至星云湖的坝区，价值评估中认定属于李家山古墓群选址的"背山面水"的历史环境区域，具有典型的滇国墓地的选址特征。范围简述如下：

—东至野牛山西麓。

—西至澄川公路。

—南至星云湖湖岸。

—北至龙街乡北侧的东西向村级公路。

Ⅲ类建设控制地带面积：67.63公顷。

## 四、景观协调区

考虑到李家山上的景观视域，考虑到李家山古墓群尚未完全揭开的墓地选址特征，将位于龙街村以北的平原（坝子）区域划为景观协调区，范围简述如下：

—东至野牛山西麓。

—西至江城镇西侧的村级公路。

—南至龙街乡北侧。

—北至江城镇北侧的村级公路。

景观协调区面积：66.89公顷。

## 五、生态保护区

考虑到李家山俯瞰整个江城坝子，坝子周围群山环抱，坝内良田万顷，生态环境较好，将从李家山山头的可见视域范围内除保护范围和景观区之外的区域作为生态保护区。包括野牛山的西侧山体，星云湖西岸的部分山体和多依山背后山体三部分。范围划定参照视域分析情况作为依据，具体参见规划图。

生态保护区面积：51.82公顷。

# 第四节　保护措施

## 一、管理要求

### （一）保护范围管理要求

1.基本规定

—建议将李家山古墓群的保护范围征为文物保护用地，归文物管理机构管理，任何单位或者个人不得侵占、挪用。优先考虑I类和II类重点保护区的征收。

—在保护区边界适当考虑种植一定的防护绿篱，保持自然风貌同时便于管理。

—保护范围内不得建设有可能污染文物保护单位及其环境的设施，不得进行可能影响文物保护单位安全及其环境的活动。

—保护管理及展示性设施限高一层，檐口高度控制在 4 米以下，建筑形式应与文物环境相和谐，工程设计方案必须按照相关程序申报审批后方可实施。

—保护区内禁止农业垦耕，严格限制采伐。

—遗址实施原址保护，已发掘区和未发掘区的保护方式可以有所区分。

—对遗址实施保护工程，必须遵守不改变文物原状的原则，保护工程必须报国家文物局批准，并由具有相应资质的单位承担。

2. 重点保护区

—鉴于目前对墓葬遗址的考古状况不同，将重点保护区划分为 I 类重点保护区、II 类重点保护区和 III 类重点保护区。

—I 类重点保护区是已勘探墓葬区，要求实施严格的看守管理，禁止任何建设和垦耕等破坏土层的活动。

—II 类重点保护区是已发掘区，应尽可能保护地形地貌，考虑土层信息的保护。

—对 III 类重点保护区，建议依法律程序进行必要的考古勘探，根据勘查结果重新界定该区域的准确范围。

—重点保护区内不得进行任何与保护措施无关的建筑工程或者爆破、钻探、挖掘等作业；

—在重点保护区建设必要的保护展示设施和管理用房时，应尽量减少对墓坑遗址地表土层的扰动。

—对 I 类和 II 类重点保护区实施有效的安防与保护措施。

3. 一般保护区

—本范围内应严格控制李家山山体的稳定性，保护水土。

—保护山体生态环境，加强物种选择，防止外来入侵物种蔓延，合理进行植被绿化。

—严格控制建设，不得进行任何与保护措施无关的建筑工程，特殊情况需要按国家法律程序进行报批。

—任何建设工程施工之前，须经文物主管部门进行考古、调查、勘探。

**（二）建设控制地带管理要求**

1. 基本要求

—在建设控制地带内进行建设工程，不得破坏文物保护单位的历史风貌；工程设计方案应报国家文物局同意后，报地方规划局批准。

——不得建设污染李家山古墓群及其环境的设施，对已有的污染文物保护单位及其环境的设施，应当限期治理。

——不得进行任何有损景观效果与和谐性的行为。

——在该区域进行基本建设，建设单位应当事先报请省、市文物部门组织从事考古发掘的单位在工程范围内有可能埋藏文物的地方进行考古调查，勘探。考古调查、勘探中发现的文物，由省、市文物部门根据文物保护的要求会同建设单位共同商定保护措施。若有重要发现，省、市文物部门应及时上报国家文物主管部门。

——需要配合建设工程进行的考古发掘工作，应当由省、市文物部门在勘探工作的基础上提出发掘计划并报国家文物主管部门批准。若考古发掘有重要发现，应拟定专题研究文物保护方案并报国家文物主管部门批准。对需要进行原址保护的，由当地政府和省、市文物部门调整文物保护范围和建设控制地带并报国家文物主管部门审批。

——凡因进行基本建设和生产建设需要的考古调查、勘探、发掘等工作，所需费用由建设单位列入建设工程预算。

——本范围内进行的城镇建设，开发强度应有所限制。

——建设控制地带内已经建成的建筑物和构筑工程，若对景观影响较大，应予以拆除，影响不大的可在适当时期拆除或按建设控制地带要求进行调整。

——建设控制地带根据文物保护要求，结合环境实际情况划分为一类建设控制地带、二类建筑控制地带和三类建筑控制地带。

2. I 类建设控制地带管理规定

——该区以恢复植被、涵养水土，保护生态环境为主要目标。

——本范围内用地性质为山林，禁止农业垦耕，禁止采矿采石。

——本范围不得进行任何破坏多依山地形地貌、污染环境、损毁山体植被的行为，禁止建设活动。

——逐步实施环境整治、防治水土流失。

3. II 类建设控制地带管理规定

——该区以文物建筑保护和风貌协调为目标。

——本范围内进行建设工程，不得破坏文物保护单位的历史风貌；工程设计方案应经国家文物局同意后，报地方政府部门批准。

——本范围内土地使用性质只能与本地农业耕地和生活建设用地相关，其范围内建筑限高9米（包括楼梯间、太阳能热水器、烟囱等建筑物和构筑物的最高点），建筑形式和尺度采用当地传统民居样式，不得破坏遗址环境风貌。

——建议对温泉村内有历史价值、格局完整的一颗印民居及寺庙进行整治和修缮。修缮要求应满足文物保护专项规划的要求。

——新建建筑、扩建工程及住宅应充分利用原有建设用地，避免沿李家山山麓建造，尽量不占用耕地和林地。

——控制村庄的建筑密度和容积率。

——不得在本范围内建设对文物及其环境有严重干扰和污染的采矿、冶金、化学等厂矿企业。

——搬迁李家山西侧的玉龙磷酸盐厂。对该区的其他乡村企业，应由相关环保部门调查和评估，对已造成污染的企业，根据实际情况进行治理。

——逐步实施环境整治，完善公共设施，妥善处理粪堆、垃圾堆等问题。

4.Ⅲ类建设控制地带管理规定

——该区目前以控制建设量，保持耕地景观为主要目的，兼顾对历史环境的研究和保护。

——本范围内土地使用性质只能与本地农业耕地和乡村建设用地相关，不作为县城规划发展用地。

——在该区内进行城镇建设，其建筑密度和人口密度，应以江城坝子以及星云湖的环境容量为依据，并考虑李家山滇国墓址的历史环境价值进行综合控制；建筑限高15米，建筑风貌应与地方传统相协调。

——考虑到李家山到星云湖、野牛山的视线关系，应保持两者之间的视线通廊和开阔景观。不得建设有碍视线通廊的建筑物和构筑物，不得进行任何有损景观和谐的活动。

**（三）景观协调区相关要求**

——该区域主要根据李家山山顶的视域范围划定，包括江城镇中心。

——该区域以建筑控制为主要目的，控制城市未来发展区域，控制建筑风貌，保持坝区整体景观效果。

——建议在该区域内不得进行影响区域整体景观的行为，该区域村镇建设应符合环境规划的要求。建议在该区逐渐消减直至清除三类工业用地。

——该区域内包含省级文物保护单位江川文庙和市级文物保护单位文星阁,建议此两处文物保护单位分别由省政府、市政府的文物行政主管部门会同城乡规划主管部门划定并颁布保护范围和建筑控制地带。

### (四)生态保护区相关要求

——该区主要以保护山体的生态环境为主要目的。

——建议在该区内不得进行破坏山体的地形地貌和生态环境的活动。

## 二、保护措施

### (一)保护措施制定原则

1. 依据李家山古墓群的各项评估结果,针对破坏因素,结合保护目标,制定保护措施。

2. 在制定具体保护措施时,必须采取审慎的态度。在保护措施和技术不够成熟的情况下,首先考虑具有可逆性的措施。

3. 列入保护规划的保护工程,必须委托专业部门进行专项设计,设计方案必须符合各类工程的行业规范,依程序审批后才可实施。

4. 上述所有保护措施的运用必须建立在各遗存具体问题的实际调研和科学分析的基础上,技术方案必须经主管部门组织专家论证后,方可实施。

5. 根据现状评估和破坏因素分析,规划编制下列主要保护措施:

——文物本体的保护采用原址保护或可逆性保护技术与工程措施。

——环境危害问题采取监测和有效防护工程措施。

——所有人为破坏问题采用加强管理措施。

### (二)保护措施总体要求

1. 保护区划经本次规划按照需要重新划分。

2. 在李家山保护区范围边界处设置防护性绿篱。

3. 土地利用和村镇发展问题,纳入城镇体系规划和村镇规划统一协调考虑。

4. 水土流失问题与环境保护规划结合考虑,见环境整治规划。

5. 禁止在保护区内进行垦耕活动,按管理要求进行退耕还草还林。

6. 控制对李家山地层表土扰动

—重点保护区的防护绿地，应选用浅根系的植物，根系深度不宜超过 30 厘米。

—因特殊情况需进行破土作业的工程，须按要求履行报批手续。

7. 调整李家山与多依山的植被状况

—清除不利的植物，调整植被结构。

—植被物种的选择应注重多样性和季节性，尽可能选用当地物种，防止入侵性外来物种的蔓延。

8. 各区墓葬

—Ⅰ类重点保护区的墓葬：基本维持原植被保护层，不得采取任何扰动措施。

—Ⅱ类重点保护区的墓葬：

① M24 号墓，进行展示性复原，严格按照考古信息清理和修整墓坑，对墓坑表面采取防护措施。

② M51、M69、M85，清理表面杂草后采取回填保护。

③ 根据展示要求选取适当的墓葬，以不影响地下遗址为前提，在其相对应的地面位置以标识性材料标示。

④ 其他已回填的墓葬，基本维持原植被保护层，清除墓葬遗址对应位置的地面树木，选用浅根系草类种植保护。

—Ⅲ类重点保护区的墓葬：待考古勘察确定墓葬的范围、规模、位置后，依照实际情况确定相应有效的保护措施。

### （三）保护措施

1. 安防设施

在重点保护区设置安防监控设备，设立管理用房，监测墓葬遗址状况，防止盗掘。建议由专业机构进行安防工程设计和施工。此措施适用于重点保护区。

2. 种草防水土流失

为减少地表径流对遗址土壤层的冲刷，在遗址范围内覆土种草保护，草种可选用根系浅、易存活的野生草类。此措施适用于重点保护区。

3. 加固防护

在重点保护区边界，防止断崖处的边坡坍塌均应采取有效的加固防护工程措施。此措施适用于整个保护区范围内，近期工程主要是针对Ⅰ类和Ⅱ类重点保护区北侧断崖进行加固。

4. 场地内有组织排水

在Ⅰ类和Ⅱ类重点保护区内要求设置有组织排水，防止地表径流对遗址地的冲刷。

5. 植被清除

防治植物根系对遗址的破坏，对露明展示的墓坑应彻底清除表层的杂草，对高大树木应探明地下情况后进行适当移植。此措施适用于重点保护区。

6. 回填保护

已实施完考古发掘，并于2001年进行露明展示的墓葬，在取得所需研究资料后应采取回填保护，适用对象：Ⅱ类重点保护区M51、M69、M85大墓。

7. 防护措施

需要展示的M24墓坑进行清理复原后，对墓坑表面喷涂保护材料进行加固和防水处理。

8. 完善基础措施

对Ⅰ类和Ⅱ类重点保护区内的水电设施进行合理改造，满足管理监控和展示利用的需要。

**文物本体保护措施简表**

| 保护措施 | 重点保护区 | | | 一般保护区 |
|---|---|---|---|---|
| | Ⅰ类重点区 | Ⅱ类重点区 | Ⅲ类重点区 | |
| 安防设施 | √ | √ | √ | |
| 植草防护水土 | √ | √ | √ | √ |
| 加固防护 | √ | √ | | |
| 场地组织排水 | √ | √ | | |
| 清除不良植被 | √ | √ | √ | √ |
| 回填保护 | | √ | | |
| 防护措施 | | √ | | |
| 完善基础设施 | √ | √ | | |

## 三、保护工程和技术

### （一）保护工程的设置对象

保护工程包括防护加固、灾害防治等工程，主要适用于遗存本体及其环境。规划根据李家山遗址的类型，现状和所处环境，对生土结构，遗存载体等类型编制保护工程基本要求。

保护工程的对象分为展示墓坑（遗址本体）和山体断崖（载体）两类。墓坑保护采取表面喷涂防护和保护建筑物工程，遗址边界的断坎需采取防护加固工程。此外还有防洪和排水工程。

### （二）保护工程基本要求

1. 表面喷涂防护工程

—由于这类喷涂材料的配方和工艺经常更新，需要防护的构件和材料情况复杂，使用时应结合具体情况，进行多方案比较，以对文物原状干扰最小者为首选。

—所有的保护材料和施工方法，在被保护的遗存本体上做局部试验后；经过观察得到完全可靠的效果后，方可谨慎使用。

—实际使用的各种材料与工艺，要有相应的科学检测措施，并必须提交阶段性的检测报告。

2. 防护加固工程

—对断坎的防护加固工程应首先考虑利用培土绿化等自然方式进行防护加固。使用现代材料时应充分论证对历史真实性、环境协调性的影响程度，并对可逆性进行评价。

3. 保护性建筑物

—保护性建筑物在设计时要把保护功能作为首要任务；体量不宜过大，应从属于环境。在研究成果不充分的前提下，禁止追求任何所谓古滇风格，避免误导文物信息的传播。

—在建造过程中不得损伤文物原状，并具有可逆性。

4. 排水工程

—完善Ⅰ类和Ⅱ类重点保护区的防洪和排水工程。

—排水工程应运用合适材料和技术，不得破坏自然环境风貌的整体性。

—工程应按照国家《防洪标准》GB50201 — 1994 中有关文物古迹的规范要求设计。

## 四、遗址环境和基础设施整治

根据保护区内文物及其环境现状，提出以下环境整治措施。

**（一）整治电缆电线**

—禁止在保护范围内架设架空线路。

调整改善现有电力系统，统一改用地埋和隐藏方式，净化遗址景观环境。

**（二）保持水源**

—教育村民养成良好的用水习惯，提倡节约用水，避免不当的洗化用品污染泉水。

—当地政府应组织相关部门对温泉村内的温泉水质进行监测，对已经污染的水源采取相应措施。

—调整和改造用水方式，适当控制村民的用水强度。

**（三）调整道路交通**

—改善道路交通体系

—充分利用李家山东麓的上山游线，限制东南坡与早街村的交通联系。

**（四）建筑要求**

保护区内的管理与展示性建筑，尽量弱化立面形象，消除与环境不和谐要素。

**（五）迁移现代坟**

**（六）加强村庄的环境卫生管理**

## 第五节　考古工作

为配合李家山古墓群遗址的保护和研究工作，近期考古工作计划需要完成下列工作：

1.深入考古调查，审核保护区范围边界，为遗址保护规划实施提供科学依据。

—根据保护工程的规模和范围，明确Ⅰ类Ⅱ类重点保护区的地下遗址边界。

—对于Ⅱ类重点保护区，根据已有考古资料，重新确定已发掘的地下墓坑的准确位置和规模，为保护展示工程提供依据。

—对于Ⅲ类重点保护区，建议近期由考古专业人员按照考古发掘法律程序，进行必要的考古勘探，查明墓葬范围，为保护区划提供依据。

2. 对实施保护工程的遗址点，需收集考古资料，查明与遗址保护工程相关的地下遗存规模，范围边界和主要构成特点，为保护工程提供依据。

3. 开展对滇国墓葬环境，古地理等研究工作，为深化丰富遗址历史环境的展示内容提供依据。

4. 考古发掘活动必须按照国家《文物保护法》等有关法定程序办理报批审定手续。

# 第六节　环境保护规划

## 一、保护依据

1. 根据《中华人民共和国文物保护法》第十九条，该区不得建设污染文物保护单位及其环境的设施，不得进行可能影响文物保护单位安全及其环境的活动，对已有的污染文物保护单位及其环境的设施，应该限期治理。

2. 根据《中华人民共和国环境保护法》第十八条，李家山古墓群保护范围属于"其他需要特别保护的区域"，规划要求保护范围内不得建设污染环境的工业生产设施，建设其他设施其污染物排放不得超过规定的排放标准。

## 二、保护原则

1. 生态保护与文物保护相结合的原则。

2. 生态环境保护与生态环境建设并举。

3. 污染防治与生态环境并重。

4. 统筹兼顾，综合决策，合理开发。

## 三、保护策略

文物保护与地方生态保护相结合。根据文物保护要求与自然生态资源类型，分别区划各类生态保护区和制定保护措施，遏制人为破坏，防治水土流失，保护水源涵养，保护山形水系，维持生物多样性，修复历史环境；针对维护或恢复生态功能的主要限制因素，进行必要的产业结构调整。在一定范围内探索生态功能维护、经济协调发展和文物保护三者之间的有效途径。

## 四、保护目标

环境保护目标是尽可能防治文物保护区划内的环境污染，包括物质污染（大气污染、水污染）和能量污染（噪声、热干扰、电磁波干扰等）。尽可能解决文物保护区划内生态破坏问题，保护目标包括水土保持、水源涵养、植被覆盖率等。

## 五、保护措施

### （一）环境污染治理措施

1. 水污染治理措施

建议以排污总量收取排污费，而且应当高于削减相应污染物治理的成本，以督促企业积极治污，改变为缴费而缴费的被动局面。对面源的管理措施，则主要针对大水大肥的耕作模式，依据其化肥施用量和水资源利用量收取面源排污费，用于鼓励农业垃圾堆肥还田和减少农药化肥的施用，以此倡导节约用水和发展无公害农产品的新型生态农业模式。对湖泊水体的管理，应拓宽水资源使用范围，既要包括生产生活用水，又要包含使用水面的各种旅游企业，并将水资源使用费改为水资源使用税，同时提高相应的标准，确保水资源税纳入湖泊保护的专项经费。

2. 空气污染治理措施

磷肥工业产品附加值不高，从长远看只有大型企业才具备竞争力。受水条件的制约，江川发展大型磷肥企业比较困难，应发展产量不高但具高技术含量和高附加值的产品。现有磷化工厂应解决磷炉尾气、泥磷的综合利用问题。

李家山西侧、多依山南麓的磷矿厂，应停产迁移。

3. 噪声污染治理措施

结合城市规划，加强道路两旁的绿化美化，选择能够吸尘降噪的常绿阔叶树种，形成草、灌、木结合的绿色屏障，降低交通噪声的影响。

在重要地段可以考虑禁鸣喇叭，以维护李家山墓葬保护区肃穆安静的氛围。

### （二）水土流失治理措施

1. 勘查现有林地所在位置是否有墓葬遗存。考虑树木根系对墓葬可能的破坏作用，墓葬区内不宜种高大树木。为了保持墓葬区的土壤不致流失，应种植浅根系的草本植物。

2. 保护好墓葬区以外的现有林地，加强现有各类森林的经营管理、严禁乱砍滥伐。对现有的疏林地应补植补播，低效林尽早进行改造，从而提高现有林分的质量，增大防护性能。

3. 对难于造林的裸岩山地，可采用先种灌木如车桑子、牛筋条、水马桑、余甘子等，待灌木成长后，在灌丛中选择适当位置种植柏木、滇朴、滇青冈、黄连木、榕树等石灰岩地区的适生树种。在经济条件许可下，采用一步到位，直接在石灰岩裸露底上客土造林，有助于加快造林速度。

4. 坡度在0度～6度的区域，可以实行保土耕作。6度～25度区域禁止扩大耕地面积，同时应增加地表植被覆盖度，减小地表径流，增强对水的渗透能力。坡度 >25度的区域地坡陡且地力低，表土常被冲刷，必须退耕还林。

5. 对形成大小不等的侵蚀沟和崩塌的区域，应尽早进行生物治理或与工程治理相结合，对大的侵蚀沟应先筑拦沙坝和营造防沟林；在侵蚀沟下方形成的冲刷地，已垦植的耕地，为了减少水土流失，可采用混农林业，在耕地上发展梨、桃、板栗等经济林果。

### （三）沟蚀治理措施

针对大小不等的侵蚀沟和崩塌的区域，应尽早采取不同的生物措施和工程措施进行治理。

1. 对大的侵蚀沟应先筑拦沙坝和营造防沟林。沟内陡坡坡面上用草袋片平铺，并加以固定保护坡面，增加土壤入渗，提高栽树种草成活率。在沟内坡面造林时修鱼鳞坑和水平阶，既有效地拦截坡面径流，又提高造林的成活率。

坡度分布图

图例

0～6°

6～25°

> 25°

山头坡度分布图

2. 对长度和深度较小的冲沟，可以采取填平沟槽并进行夯实，栽植乔灌混交林，灌木最好是根系发达的品种。细沟内用秸秆覆盖，减少雨滴溅蚀，减缓径流，控制下切。应在沟底坡脚处修建柴捆土坝，并在其上植树，以防止沟壑的进一步坍塌。

3. 侵蚀结束的冲沟，沟底沉积物较多，沟底及沟壁有大量植物生长，有的已被重新开垦为农田。应在沟内植树造林，禁止对树木的乱砍滥伐滥垦。在侵蚀沟下方形成的冲刷地，已垦植的耕地，为了减少水土流失，可采用混农林业，在耕地上发展梨、桃、板栗等经济林果。

**（四）造林树种选择及布局**

1. 造林树种选择

竹林群落在土壤侵蚀控制、提高土壤营养成分含量和水源涵养方面效果最佳，但竹林生长需要较好的水分条件，只适宜在水分条件较好的山坳中之，而在水分条件较差的山坡上则不易成活。

混交林群落在土壤侵蚀控制、水源涵养、提高土壤营养成分含量方面效果较佳。旱冬瓜是一种很好的木本固氮植物，能提高土壤营养成分含量，且容易成活，营造水土保持防护林时应多给予考虑。

桉树群落是生长迅速的群落，其土壤持水性、透气性均较好，但土壤的营养成分含量状况欠佳，且由于桉树的"化感作用"，桉树群落中的生物多样性明显低于混交林、云南松林和华山松林，灌木层几乎都是小一点的桉树，草本层则几乎都是紫茎泽兰。因此，为了提高土壤营养成分含量和维护生物多样性，选择桉树作为先锋树种时应慎重考虑，必须注意搭配土壤营养成分含量改良效果较优的树种，如旱冬瓜等。

云南松和华山松作为一种广泛种植的乡土树种，在滇中高原有很广的生态适应幅，但在提高土壤抗蚀性方面的作用次于竹林群落、混交林群落和桉树群落。可以作为先锋树种，但是必须注意搭配其他对提高土壤抗蚀性效果明显的优良树种，如云南松—旱冬瓜混交林、华山松—旱冬瓜混交林等。

灌草丛和矿渣废弃地的水土流失都极为严重，且土壤抗侵蚀能力、土壤营养成分含量、水源涵养能力都很差。应该立即对其进行植树造林，以防治水土流失，尽快恢复其生态系统的生态功能。

2. 造林布局

李家山山体表土大部分为石灰岩发育的红壤和石灰土，由于土壤干旱瘠薄，应选

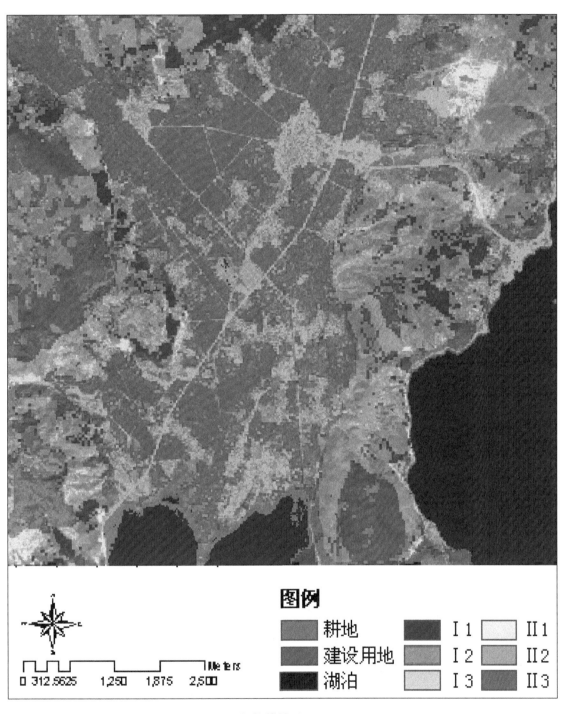

保护措施分区图

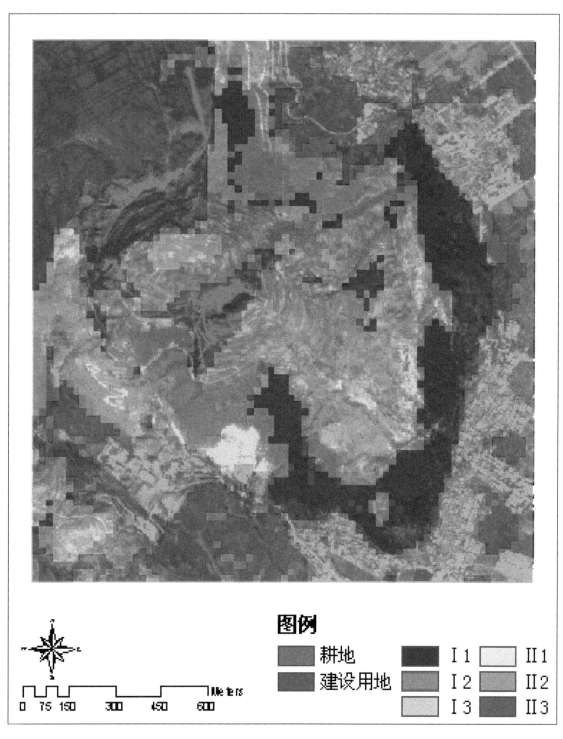

图例

耕地　　　I 1　　II 1

建设用地　I 2　　II 2

　　　　　I 3　　II 3

0　75　150　　300　　450　　600

Meters

山头保护措施分区图

择耐干旱瘠薄、根系发达、树冠较大、萌芽力强、防护性能好的乡土树种作为造林树种。

在海拔 1750 米～2000 米之间的荒山荒地、退耕林造林地中，靠村寨旁和立地条件较好的地块可营造早熟板栗、樱桃、加州李等，在立地条件较差的地段可营造黑荆树、木荷、圆柏、麻栎、滇朴等作防护林；在石灰岩裸露地或石灰土地段，营造滇青冈、滇朴、圆柏、黄连木、小叶黄连木、苦刺、车桑子、马桑、小铁仔、甘余子等。

在海拔 2000 米～2600 米之间的荒山荒地、退耕地，应发展防护林为主。立地条件好的地块可发展花椒、核桃、板栗及桃等；立地条件较差的可营造华山松、云南松、旱冬瓜、木荷、滇青冈防护林或用材林，在侵蚀严重地段可营造车桑子、水马桑、苦刺或小叶黄连木等灌木树种。

**（五）环境管理措施**

1. 完善法律法规，加大执法力度

环境管理的关键在于完善环境法规体系，加大环境执法力度，应在现有环境保护专门法的基础上，结合地方实际，进一步细化有关环保法规和完善相关管理条例，以利于提高法律保障的可操作性，加强环境保护执法队伍的建设和提高行政执法能力。

2. 任务明确，权责清晰

制定可行的管理措施和实施方案，签订相应的目标责任书，将环境整治的各项工程措施和任务分解到各相关行业部门，将管理措施分解到各乡镇、村、组以至相应的农户，以便于操作和落实。

3. 加强宣传，积极推动公众参与

改变主要以城镇人口为宣传对象的单一宣传方式，加强对领导干部的宣传工作，定期为基层领导举办环保知识培训班，发挥各级政府的领导和带动作用。环保部门应尽可能实现环境信息的公开化，接受公众和舆论的监督。通过宣传环境权益提高全社会的环境意识，把环境意识提高的过程与人民切身利益的保护和改善联系起来，使广大群众自觉参与到对环境的社会管理和社会监督之中，对有害环境的行为形成社会性压力，真正把保护环境变成一个全民的行动过程。

# 第七节　文物管理规划

## 一、管理策略

1. 加强管理，制止人为破坏是有效保护江川李家山古墓群的基本保障。

2. 深化遗址的文物管理体制改革，加强完善文物保护的机构建设和职能配置。

3. 加强遗址的文物保护工作的政策研究、制定科学合理的管理规章。

4. 增加遗址的文物保护、管理工作中的科技含量，利用现代科技成果和手段，提高文物建档、保护、展览、信息传播和科学研究水平。

## 二、管理机构

1. 完善现有管理机制，建立由玉溪市文物管理所、江川区文物管理所、李家山遗址现场管理站全市三级文物管理机构体系。

2. 文管所市国家对文物保护单位直接实施保护管理的事业机构，其任务是负责文物的调查征集，保护管理、日常维护修缮、宣传陈列和科学研究等工作，并可根据不同情况建立多种形式的群众性保护组织。

3. 遗址现场管理站应具备如下工作内容：

—日常维护和管理

—考古资料的采集和临时存放

—宣传陈列

—安全防卫和监控。

4. 各级机构人员编制可以分为正式编制和兼职管理员两种。

## 三、管理制度和规章

按照国家法律法规要求，本规划经审定之后，各级政府落实下列工作事项：

1. 由云南省人民政府公布保护范围和建设控制地带，重新公布的保护范围边界，落实界标和标志碑，实施有关的界定工程。

2.重新公布的保护范围边界，由江川区文物局按照有关规范要求落实界标和标志碑，实施有关的界定工程。标志说明牌应按照《全国重点文物保护单位保护范围、标志说明、纪录档案和保管机构工作规范（试行）》第三章要求执行。

3.玉溪市政府应尽快根据规划要求编制《李家山古墓群文物保护管理条例》，报县人民代表大会会议通过，公布实施。

4.《条例》内容应包括：保护范围和建设控制地带的界划；管理体制和经费；保护管理；奖惩制度等。

5.江川区文物管理所应在规划近期依照《全国重点文物保护单位记录档案工作规范（实行）》的要求，完善档案制度，收集、整理古墓遗址文物信息及相关保护工作资料；建立文物信息数据库，实现全面的、动态的信息保存。

## 四、日常管理

1.日常维护工作由县文管所或遗址管理站管理人员专人专职负责。日常管理工作内容包括：维护遗址安全，消除隐患；记录、收集资料，做好业务档案；开展展示宣传工作。

2.建立自然灾害，遗产本体与载体，环境以及游客容量等日常记录制度，积累资料、为保护措施提供科学依据。

3.做好经常性保养维护工作，及时化解文物所受到的外来侵害，对可能造成的损害采取预防措施。

4.建立定期巡查制度，及时发现并排除不安全因素。

5.开展日常宣传教育工作，提高当地居民的文物保护意识，动员当地居民共同参与文物保护。

6.加强职工定期培训，提高管理人员的文物保护意识和专业知识水平。

## 五、实施保障

1.根据《中华人民共和国文物保护法》第九条要求，地方建设和旅游发展必须考虑并遵守保护文物的方针，合理制定发展计划和实施内容，建设和旅游等活动不得对文物造成损害。

2. 根据《中华人民共和国文物保护法》第十条要求，李家山古墓群文物管理机构的人员编制和各项经费纳入地方财政预算。

3. 政府应加强文物保护的宣传教育，增强全民文物保护的意识，鼓励文物保护的科学研究，提高文物保护的科学技术水平。

4. 根据《中华人民共和国文物保护法》第十六条要求，地方城乡建设规划应当根据文物保护的需要，由市规划局会同文物局商定各级文物保护单位的保护措施，并纳入规划。

# 第八节　文物展示利用规划

## 一、展示策略

### （一）展示原则

1. 以文物保护为前提。

2. 确保保护与利用的和谐统一。

3. 坚持以社会效益为主，促进社会效益与经济效益协调发展。

4. 合理、科学、适度。

5. 学术研究和科学普及相结合。

### （二）总体要求

1. 展示规划主要根据遗存保护的安全性、文物类型的代表性、遗存保存的完整性、真实性、可观赏性和配套服务条件等综合因素统筹策划。

2. 不可移动文物必须具备开放条件方可列为展示目标。

3. 不可移动文物一律实施遗址保护性展示，不得在原址重建。

4. 不可移动文物展示的开放容量应以满足文物保护要求为标准，必须严格控制。

5. 所有用于遗址展示服务的建筑物、构筑物和绿化等方案设计必须在不影响文物原状、不破坏历史环境的前提下进行。

6. 遗址展示设施在外形设计上要尽可能简洁，淡化形象，缩小体量；材料选择既要与遗存本体有可识别性，又须与环境获得和谐，并尽可能具备可逆性。

## 二、展示范围

根据价值、现状与利用等评估结论，规划将李家山两处已初步具备开放条件的区域列为展示范围：

1.遗址展示区：全国文物保护单位李家山古墓群遗址的已发掘区经过几次大的考古发掘，地下文物清理完毕，考古资料丰富，初步具备开放条件，规划将此区域列为可展示范围。

2.民俗展示区：李家山山下徐家头、庄科、早街三个自然村落包含古民居、温泉、庙宇等多种文化资源，村落整体风貌古朴，通过建筑修缮、环境整治等措施进行保护后，并配合山上遗址展示区的需要设立必要的配套服务设施，规划将此区域列为民俗展示范围。

## 三、展示规划

### （一）遗址展示区

1.展示内容

—展示李家山古墓群发掘地点，展示已发掘的86座墓的分布区域。

—选取典型墓坑进行遗址展示，科学的设立保护展示设施，复原一座典型墓葬的发掘情况进行展示。

—展示李家山的景观环境，通过整治场所环境，凸显滇墓选址的环境特征。

2.展示方式

—以步行参观为展示方式。

—以独立的多媒体台进行综合信息展示。

—设置典型墓坑的小型展示厅。

—设置景观观赏点。

3.展示设施

—合理设置展示路线，应尽量避开墓群集中分布区域。

—设置总说明牌，介绍汉墓遗址概况，历史沿革，现存状况等。

—设置典型墓坑展示馆。陈列馆设计宜体量小，简洁适用，体现本时代气息，不

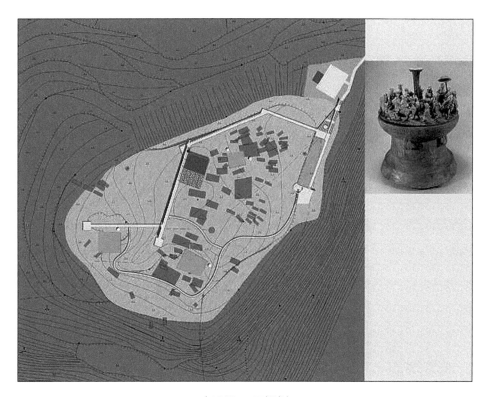

遗址展示区规划

宜模仿当地传统建筑样式。

——室外展场根据需要对重要展示点设置综合信息台或标识。

4.展示路线

——从徐家头村口沿上山游线至李家山墓群展示区入口，沿展示区内规划步行道参观，参观完毕后沿原路返回。

——游客不得在李家山墓群其他保护区内随意穿行。

5.管理与服务设施

——在展示区入口设置管理用房，配置警卫中队。

——在展示区入口外设置公共卫生间和适当旅游服务设施，也可考虑结合管理用房统一设置。

（二）民俗展示区

1.展示内容

——展示云南滇中地区村落的总体布局和环境特征。

——民居展示，通过保护修缮，展示一颗印民居的典型特征。

—其他特色资源展示，如神鱼泉、温泉点、地方祠庙等。

—民俗文化展示，通过收集整理地方民俗文化，在民居中进行布置和展示。

2. 展示方式

—以步行参观为主要展示方式。

—政策引导村民保护修缮古民居，进行开放式展示，开发民俗文化产品。

—设置滇文化和民俗文化展览馆，可考虑与当地民居结合。

3. 展示设施

—设置说明牌，介绍古民居、温泉、祠庙的特点。

—与民居结合设置民俗文化展览馆，让百姓参与文化产业建设，并从中获益。

—室外展场根据需要进行场地设计，对重要展示点设置标识。

4. 展示路线

—主要路线从徐家头村北口至旱街南口，修缮路面，完善基础设施，整治街巷节点空间，设置旅游配套设施。

—在徐家头村口设立大型停车场，停车量25辆～50辆；在旱街村口设置车站，

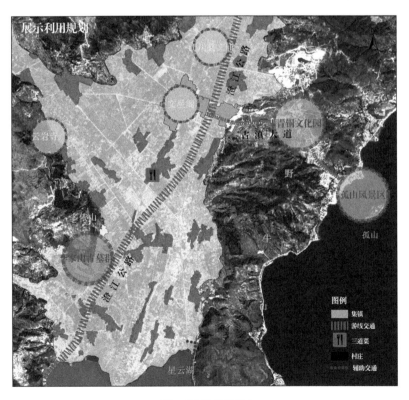

展示利用规划图

停车量 15 辆（小汽车）。

5. 管理与服务设施

——在徐家头村口设置管理办公，可考虑与当地民居结合，新建应合理选址，规模宜小，风貌协调。

——在展示区内设置必要的旅游服务设施。

# 四、环境容量控制

1. 文物保护单位的开放容量必须以不损害文物原状、有利于文物管理为前提，容量的测算要具有科学性、合理性。测算数据需要经过实践核实或技术检测修正。

2. 规划初步确定全国重点保护区李家山古墓群以发掘区为主体的展示区开放容量为定值，不得随旅游规划发展期限增加。

3. 文物保护单位的开放容量测算综合考虑文物容载标准、生态允许标准、观赏心理标准、功能技术标准等要求，李家山古墓群以文物容载为主要标准。

4. 本次规划仅对发掘区限定日最高容量，年旅游环境容量需待保护单位具有较成熟开放条件后进行科学的测算。

计算方法：

C=（A÷a）×D

C —日环境容量，单位为人次

A —可游览区域面积或路线长度，单位为平方米或米

a —每位游客占用的合理游览空间，单位为平方米 / 人或米 / 人

D —周转率，景点平均日开放时间 / 游览景点所需时间

**游人容量计算表**

| 文物开放点 | A | a | 一次性容量 | D | C |
|---|---|---|---|---|---|
| 遗址展示区 | 5825 平方米 | 100 平方米 / 人 | 58 人 | 4 | 232 人次 / 日 |
| 民俗展示区 | 108720 平方米 | 300 平方米 / 人 | 362 人 | 3 | 1086 人次 / 日 |

注：遗址展示区考虑日平均开放时间 8 小时，游览时间约为 2 小时，周转率为 4；民俗展示区考虑平均开放时间 9 小时，游览时间约为 3 小时，周转率为 3。

5.上述分析可知，遗址展示区的面积较小，应严格控制参观人数，考虑到经济效益和社会效益，遗址展示区应提高展示的技术含量和信息含量，提高遗址展示区的整体品味。

## 四、遗址展示区设计要求

### （一）遗址区展示设计要求

—展示应以保护为前提，严格遵守不改变文物原状的原则，尽可能保持遗址包含的历史信息，保持遗址的真实性、完整性。

—遗址展示设计应考虑和保护要求结合，不得设置任何破坏和干扰文物保护的设施。

—展示利用设施不得破坏遗址本体，或对遗址构成威胁。

—展示利用设施应考虑未来考古发掘和研究的需要；措施具有可逆性。

—展示利用设施应与遗址的整体环境相协调。

### （二）设计定位

—最小干预的原则：展示对遗址本体的干预应该最小化。

—尺度适宜的原则：已发掘区域面积不大，展示设施应该与环境尺度相适应，保证尺度适宜。

—信息明确的原则：遗址展示区内的展示信息明确且可识别，不做任何可能产生误导的信息。

—措施可逆的原则：考虑到滇文化研究的不断发展，考虑到历史信息将不断丰富，展示和利用设施应尽量考虑可逆性。

综合上述四项原则，李家山古墓群遗址展示区应该考虑定位在小且精致的信息展示区。

### （三）设计构思

—展示场地的特殊性：小丘之巅，背山面水的历史环境。

—体现场所氛围：开阔性、肃穆性、自然性。

—尽可能减少建设量：仅选典型墓坑 M24 展示；尽可能合并不同的建筑功能，新建部分应低调、谦逊、融入环境。

—尽可能从技术角度减少对场地土层的破坏。比如以架空栈道为基本设施，根据考古资料，环绕墓群分布进行布置。

### （四）建筑功能和选址建议

—管理用房：包括管理值班、警卫监控及犬舍厨卫等附属用房。建议设在展示区入口东坡下，隐藏体量。

—经营用房：茶室及休息棚，建议设在展示区入口外的坡下，为临时建筑。

—典型墓坑展示厅：考虑将现有墓坑回填后，选取 M24 号墓坑进行复原展示，理由如下：

1. 墓坑尺度适中，能保证建筑物的尺度适宜。

2. 墓坑位置适当，M24 与周围墓坑有一定距离，工程实施不会破坏其他墓坑。

3. M24 出土了牛虎铜案等重要器物，考古资料详细，是李家山墓群的典型墓坑，具有代表性。因此选取 M24 作为展示墓坑。

设计应尽量减少建筑的体量感，形式上应与环境协调同时应避免信息误读，应考虑工程的可逆性。建筑规模暂定 300 平方米。

# 第九节　城镇规划调整建议

鉴于全国重点文物保护单位"江川李家山古墓群"需要考虑的保护区划及相关影响范围较大，同时，考虑到江城坝子环境相对封闭独立，且区域内各类历史文化和自然资源丰富，建议在城镇总体发展定位上以自然农业和文化旅游为主，不宜盲目建设现代化的城市风貌。

## 一、土地使用性质

1. 区域内各级文物保护单位应按照保护等级纳入地方城镇总体规划，江川李家山古墓群保护区的土地使用性质应改为文物保护用地；使用管理要求应按照《中华人民共和国文物保护法》要求执行。

2. 区域内的用地性质的调整应考虑本规划对于李家山各级保护区划的相关要求和建议，纳入地方城镇总体规划。

## 二、总体布局

1.鉴于李家山古墓群具有重要的历史价值，不仅是江城镇，同时也是国家的不可再生的重要文化资源，必须通过有效保护和合理利用，使之成为江城镇发展功能的重要组成部分。故建议城市总体布局进行以下调整：

—江城坝子南段，属于李家山滇墓有价值的历史环境区，应考虑控制南部村镇的发展，保持农业耕地景观，保持与星云湖开阔的视野景观，此段澄川公路两侧严禁发展建设。

—江城镇属于老镇，位于江城坝子的南北主线上，结合区域内的历史文化资源和自然资源分布状况，江城镇发展应定位在保留并恢复小镇历史风貌上。

—应保持江城镇历史上原有的十字街巷格局，应保持原有的城市规模和建筑风貌，不宜盲目更新和扩大规模，对城内风貌较好的老房子应进行修缮，对新建房屋进行风貌整治，对拟建房屋制定风貌和高度等控制要求。

—考虑到江城坝子南北主方向良好的自然农耕风貌，考虑到李家山滇国墓地特殊的选址环境极其珍贵的研究价值。江城镇的整体发展应禁止沿澄川路进行南北向发展。

2.鉴于上述考虑，在对经济可行性做出探讨之后，江城镇总体发展可考虑采取集中与分散相结合的方式，即控制江城老镇的现有规模，逐步改造不协调新建建筑，逐步恢复老镇历史风貌。建议以西侧山坳内的黄营为中心进行新区规划，建立包括政府管理机构、商业金融、旅游服务等内容的新的城市多功能综合区。

## 三、旅游发展

1.考虑到江川区内丰富的自然和文化资源，考虑到江川区独特的区位和交通优势，应积极发展可持续性的文化旅游事业。

2.旅游开发应以保护为前提和内核，积极探讨利用模式，确保可持续发展。

3.对自然资源的利用应以展示自然生态环境为理念，控制介入环境的各种人为因素及容量等。对文化资源的利用应以展示真实的历史文化信息为理念，禁止任何为追求经济效益而杜撰历史信息，伪造历史文化的开发活动，应加强研究，建立有特色的展示内容和文化活动。

## 四、经济结构调整

1. 在遗址保护不受破坏和影响前提下，大力发展农业生产和文化旅游业，调整和优化农业结构，发展生态农业，提高农民收入。

2. 保护区划内现有的对环境有污染的企业在规划分期内逐步迁出；保护区划内不再增设工矿企业类项目，现存企业不得扩建。

3. 农业生产用地内农副产品的开发利用，应满足文物保护管理规定，并考虑不破坏遗址区景观环境。

## 五、道路交通规划

1. 考虑到江川李家山古墓群遗址保护的影响区域较大，考虑到区域内其他丰富的文化资源和自然资源，除现有澄川主路外，不宜增加其他的干线交通。

2. 由于历史原因，区内各级公路杂乱，建议以澄川路为过境主干线，调整区域内路网布局，建立村级公路网。降低原通往江城镇的公路等级为村级路，并改造原公路两侧房屋，退路还田。

3. 拟建公路均以澄川路为干线，合理设置接口，纳入城镇规划。

# 第十节  相关规划

1. 对于在总体层面与本规划的关联性，委托专业部门编制《江城镇旅游规划》。

2. 相关专项规划应充分考虑与本规划相衔接。

3. 应充分重视地区考古工作与历史研究，加强研究力量，提出工作计划。

# 第十一节  规划实施分期

## 一、分期依据

1. "保护为主、抢救第一、合理利用、加强管理"的文物工作方针。

2. 国家文化遗产保护事业规划。

3. 文物保护工作的程序。

4. 地区经济与社会发展规划。

5. 国家经济计划管理规划。

## 二、规划分期

1. 近期 2006 ~ 2010 年（Ⅰ期）

2. 中期 2011 ~ 2015 年（Ⅱ期）

3. 远期 2016 ~ 2026 年（Ⅲ期）

4. 不定期计划

## 三、分期内容与实施重点

### （一）近期（2006 年 ~ 2010 年）

1. 前期工作

—公布、执行《江川李家山古墓群文物保护规划》，包括保护区划范围和管理规定。

—进一步编制李家山古墓群保护政策、环境整治、展示利用等方面的详细计划。

—筹措本期项目资金。

2. 征地

—征保护区用地为文物保护用地，由文物部门统一管理。

3. 遗产保护

—按照公布的保护范围边界设界碑，种植防护性绿篱，保持自然风貌协调。

—在主入口处设立主标志碑，各遗址点可分区设置标志牌。

—申请开展Ⅲ类重点保护区的考古勘探，明确地下遗存规模和分布状况。

—清理保护区内的坡耕地、新坟、不良构筑物等，搬迁或安置保护区内的民宅。

—清理重点保护区内的不良植被，保护地下墓葬。

—对 M51、M69、M85 墓坑进行回填保护。

**保护分期实施图**

**图例**

| | |
|---|---|
| ■ | 近期 |
| ▨ | 近期中期 |
| ▨ | 中期 |
| ▨ | 中期远期 |
| ▨ | 远期 |

**近期(2006-2010)**
—征保护区用地为文物保护用地
—申请开展III类重点保护区的考古勘
—对M51、M69、M85、M24实施保护措施
—保护区统一布置安防设施
—完善保护区内给水和电力系统设

**中期(2011-2015)**
—完善保护区的安防体系
—搬迁或改造保护范围内民宅
—制定被破坏山体的修复计
—实施遗址展示区规划方案
—完善李家山遗址展示区内的管理配套和展陈设施

**远期(2016-2026)**
—结合江城镇城市发展规划,整治坝区路网体系
—结合生态环境规划,治理区域内水土流失;
—保护周围山区的生态环境
—整合区域内自然资源和文化资源,结合旅游发展规划,发展文化旅游经济

—按照公布的保护范围边界设界碑,种植防护性绿篱
—清理保护区内的坡耕地、新坟、不良构筑物
—实施局部地貌的防护加固保护工程
—停止多依山南麓磷矿厂的生产活动,启动搬迁计划
—整治保护区植被环境,修整从徐家头上山的参观游线

—搬迁多依山南麓磷矿厂
—整治多依山环境,实行退耕还林,保护水土
—整治山下村落环境
—实施民俗展示区规划方案

—保护坝区南部农耕景观。
—保护星云湖、抚仙湖环境;
—合理调整工矿企业的规模和分布,控制采矿对环境污染

规划分期实施图

—实施 M24 墓坑保护工程，包括墓坑复原加固和表面喷涂防护工程。

—实施局部地貌的防护加固保护工程，对西北和北面的断坎进行加固。

—根据遗址实际情况，设置排水沟渠，种植绿化，涵养水土，实施防洪工程。

—保护区统一布置安防设施，委托专业部门进行设计施工。

4. 建筑物搬迁

停止多依山南麓磷矿厂的生产活动，启动搬迁计划。

5. 环境整治

—完善保护区内给水和电力系统设施，所有管线应尽量采取地埋方式，主干线应避开墓群集中分布区域。

—根据遗址分布和地质地貌状况，整治保护区植被环境。

—修整从徐家头上山的参观游线，设置景观点。

—对从早街上山的两条道路进行管制，设立出入口，限制人员出入。

6. 展示利用

—编制《李家山古墓群展示区规划设计方案》，委托专业部门进行设计，报国家文物主管部门批准。

—启动展示项目的工程计划。

7. 遗产管理

—制定《李家山古墓群保护管理条例》，按法律程序公布。

—完善遗址现场管理制度，采用现代监控技术，提高警卫中队的保卫能力。

—制定相关政策，引导温泉村保护修缮古民居，发展文化旅游。

8. 遗产研究

—配合多处滇文化遗址的考古发现，积极开展考古、历史等方面的研究工作。

—配合近期考古发掘计划，实施课题研究计划和出版计划。

（二）中期（2011 年 ~ 2015 年）

1. 遗产保护

—整治保护区内植被环境，保护水土。

—修建和改善保护区内道路体系。

—完善保护区的安防体系，包括人员编制和管理制度。

2. 建筑物搬迁

—搬迁多依山南麓磷矿厂。

—搬迁或改造保护范围内民宅。

3. 环境整治

—整治多依山环境，禁止垦耕，实行退耕还林，保护水土。

—禁止在多依山采矿，制定被破坏山体的修复计划。

—整治山下村落环境，重点支持基础设施改造和重点民居的修缮工程。

4. 展示利用

—实施遗址展示区规划方案，将已发掘区建成古滇墓遗址展示区。

—实施民俗展示区规划方案，改造山下进出村口的道路，完善道路体系，修建停车场和参观配套设施。

—完善李家山遗址展示区内的管理配套和展陈设施。

5. 遗产管理

—建立遗产地旅游的相关管理制度和措施。

6. 遗产研究

—持续开展滇文化考古、历史等方面的研究工作，加强学术交流和成果出版。

## （三）远期（2016 年 ~ 2026 年）

1. 结合江城镇城市发展规划，整治坝区路网体系，保护坝区南部农耕景观。

2. 结合生态环境规划，治理区域内水土流失；保护星云湖、抚仙湖环境；保护周围山区的生态环境，限制山地建设和开垦规模。

3. 合理调整工矿企业的规模和分布，控制采矿破坏山体和污染环境。

4. 整合区域内自然资源和文化资源，结合旅游发展规划，发展文化旅游经济。

## （四）不定期计划

根据考古调查和研究工作的进展而定，根据江城镇总体发展情况而定，可能包括以下内容

1. 位于本规划范围之外新勘查到的遗址和文物点的保护工作。

2. 保护区内其他不确定因素的落实。

3. 新的保护任务和展示任务。

# 第二章 规划图

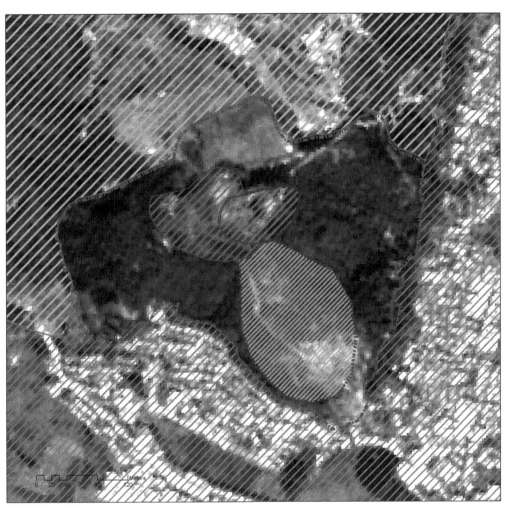

保护区范围

重点保护区
— 鉴于目前对墓葬遗址的考古状况不同，将重点保护区划分为一类重点保护区、二类重点保护区和三类重点保护区。
— 本范围内不得进行任何与保护措施无关的建筑工程或者爆破、钻探、挖掘等作业；
— 在重点保护区建设必要的保护展示设施和管理用房时，应尽量减少对墓坑遗址地表土层的扰动。
— 实施有效的安防与保护措施。
— 对Ⅲ类重点保护区，建议依法律程序进行必要的考古勘探，根据勘查结果重新界定该区域的准确范围。

一般保护区
— 本范围内应严格控制李家山山体的稳定性，保护水土。
— 保护山体生态环境，加强物种选择，防止外来入侵物种蔓延，合理进行植被绿化。
— 严格控制建设，不得进行任何与保护措施无关的建筑工程，特殊情况需要按国家法律程序进行报批。
— 任何建设工程施工之前，须经文物主管部门进行考古、调查、勘探。

图例

▨ 一般保护区划
▨ 一类重点保护区
▨ 二类重点保护区
▨ 三类重点保护区
▨ Ⅰ类建控地带
▨ Ⅱ类建控地带

保护区范围图

**153**

保护区划图

建控地带

Meters
0   255   510   1,020   1,530

N

I类建设控制地带:该区以恢复植被、涵养水土,保护生态环境为主要目标。

II类建设控制地带:该区以文物建筑保护和风貌协调为目标。

III类建设控制地带:该区目前以控制建设量,保持耕地景观为主要目的,兼顾对历史环境的研究和保护。

景观协调区:该区域主要根据李家山山顶的视域范围划定,包括江城镇中心。该区域以建筑控制为主要目的,控制城市未来发展区域,控制建筑风貌,保持坝区整体景观效果。

生态保护区:该区主要以保护山体的生态环境为主要目的。

图例

保护区

Ⅰ类建控地带

Ⅱ类建控地带

Ⅲ类建控地带

景观协调区

生态保护区

湖泊

建控地带图

154

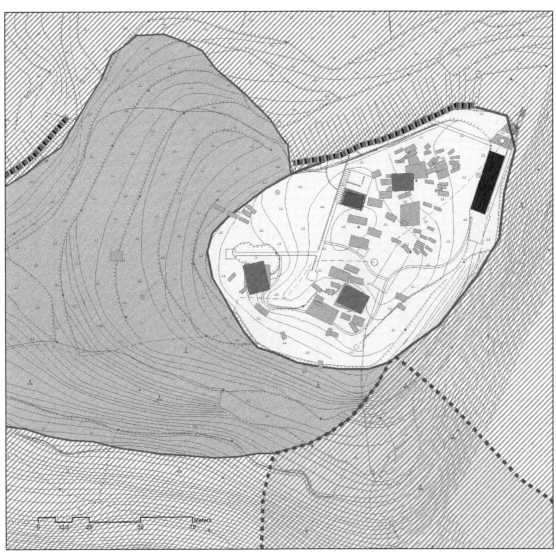

墓葬遗址保护措施

— Ⅰ类重点保护区的墓葬：基本维持原植被保护层，不得采取任何扰动措施。

— Ⅱ类重点保护区的墓葬：

a) M24号墓，进行展示性复原，严格按照考古信息清理和修整墓坑，对墓坑表面采取防护措施。

b) M51号、M69号、M85号墓，清理表面杂草后采取回填保护。

c) 根据展示要求选取适当的墓葬，以不影响地下遗址为前提，在其相对应的地面位置以标识性材料标示。

d) 其它已回填的墓葬，基本维持原植被保护层，清除墓葬遗址对应位置的地面树木，选用浅根系草类种植保护。

— Ⅲ类重点保护区的墓葬：待考古勘察确定墓葬的范围、规模、位置后，依照实际情况确定相应有效的保护措施。

**图例**

■ 管理用房
▨ 保护区
▢ Ⅰ类重点保护区
▢ Ⅱ类重点保护区
▨ Ⅲ类重点保护区
**保护措施**
■ 回填
■ 展示性修复
■ 墓坑遗址
▨ 边坡加固

墓葬遗址保护措施图

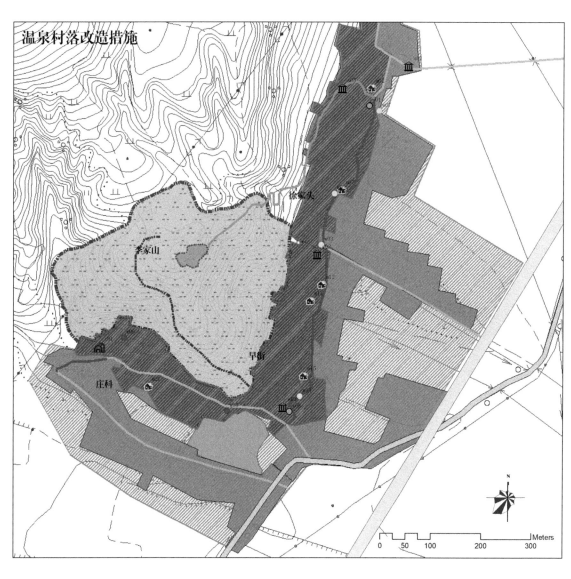

温泉村落改造措施

李家山

徐家头

早街

庄科

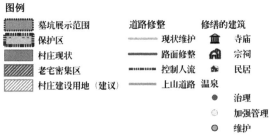

图例

墓坑展示范围　　　道路修整　　　修缮的建筑
保护区　　　　　　现状维护　　　寺庙
村庄现状　　　　　路面修整　　　宗祠
老宅密集区　　　　控制人流　　　民居
村庄建设用地（建议）上山道路　温泉
　　　　　　　　　　　　　　　治理
　　　　　　　　　　　　　　　加强管理
　　　　　　　　　　　　　　　维护

温泉村落改造措施图

156

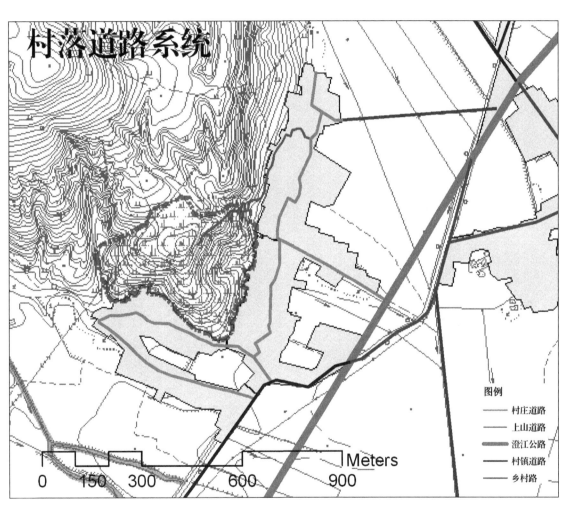

村落道路系统图

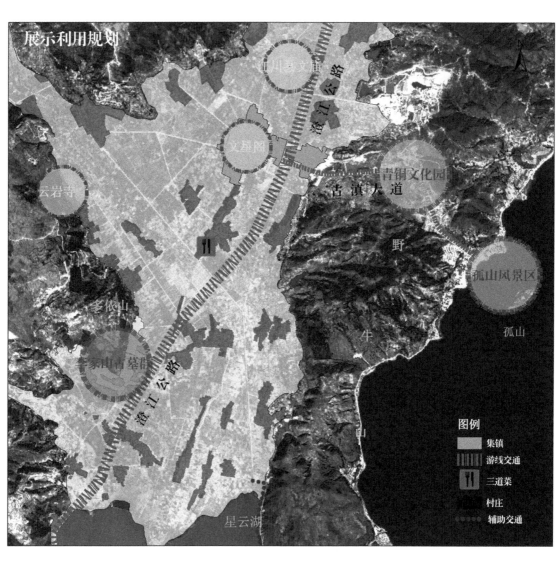

展示利用规划图

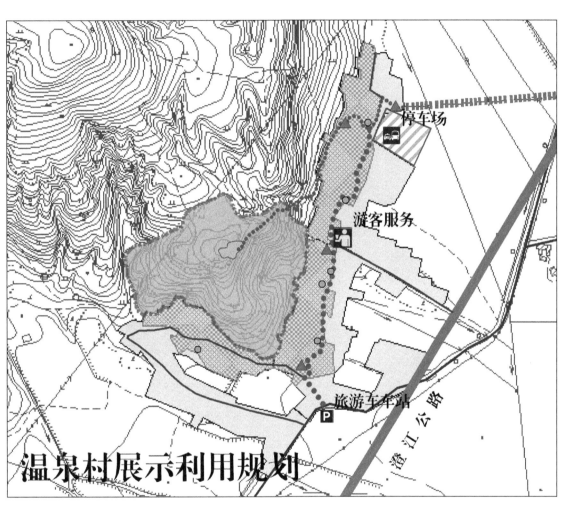

温泉村展示利用规划

图例

| | | | |
|---|---|---|---|
| 保护区 | 交通游线 | | |
| 古墓遗址展示区区 | 村庄道路 | | |
| 民俗展示区 | 遗址展示区游线 | | |
| 温泉村 | 村内游线 | | |
| 建议开放的民居 | | | |
| 寺庙 | | | |

温泉村展示利用规划图

**159**

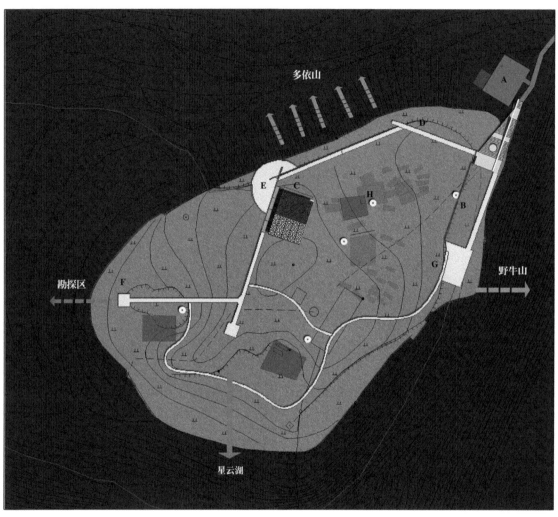

多依山

D

A

E C H B

G

勘探区 F

野牛山

星云湖

0 10 20 40 60 Meters

**遗址展示区规划**

云南李家山墓群

墓址贮贝器

墓坑及青铜器厅

悬浮木台阶

A 休息平台

B 管理用房

C 24号墓坑展示

D 栈道

E 瞭望台

F 瞭望台

G 休息平台

H 典型器物

遗址展示区规划图

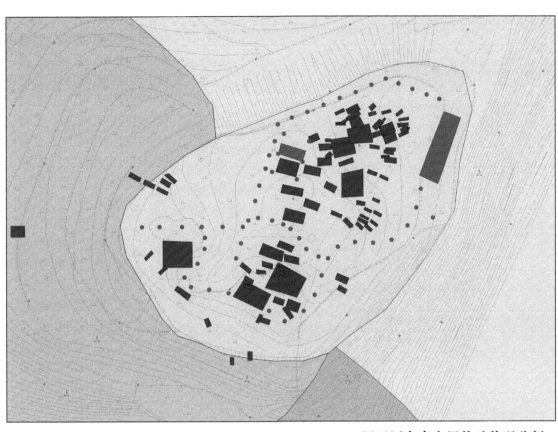

展示区方案土层扰动状况分析

0  15  30  60  90  Meters

◀ 瞭望台看星云湖

栈道及展示灯箱示意图

**图例**

■ 墓葬可能分布区　■ 墓坑遗址
■ Ⅰ类重点保护区　● 栈道对土层的扰动
■ Ⅱ类重点保护区　■ 管理展示用房对土层的扰动

将展示区的管线布置在栈道的展示灯箱内，区内的步行道采用栈道的形式，尽量避开墓坑遗址，减少对土层的扰动。

遗址展示区土层扰动状况分析图

**161**

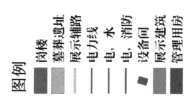

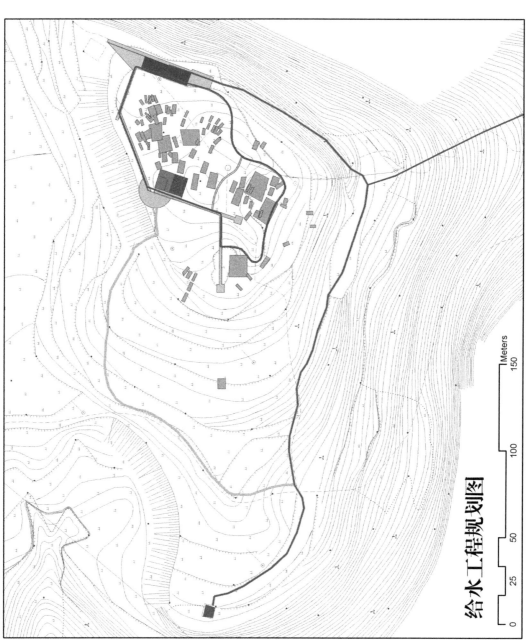

给水工程规划图

给水工程规划图

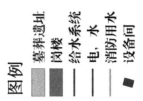

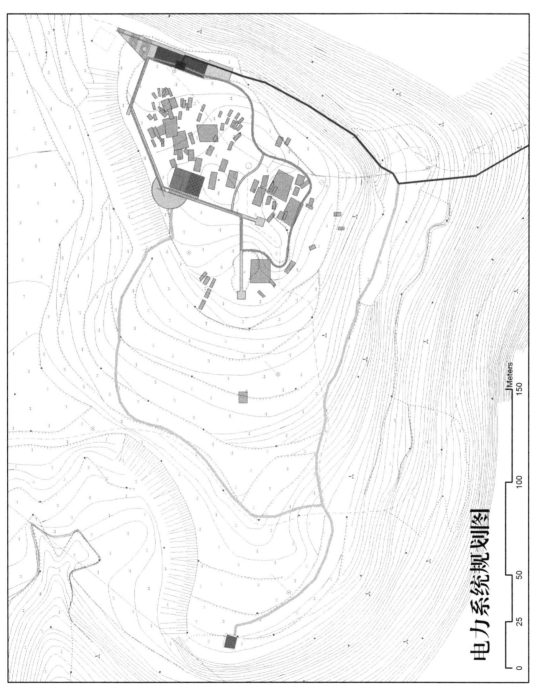

电力系统规划图

电力系统规划图

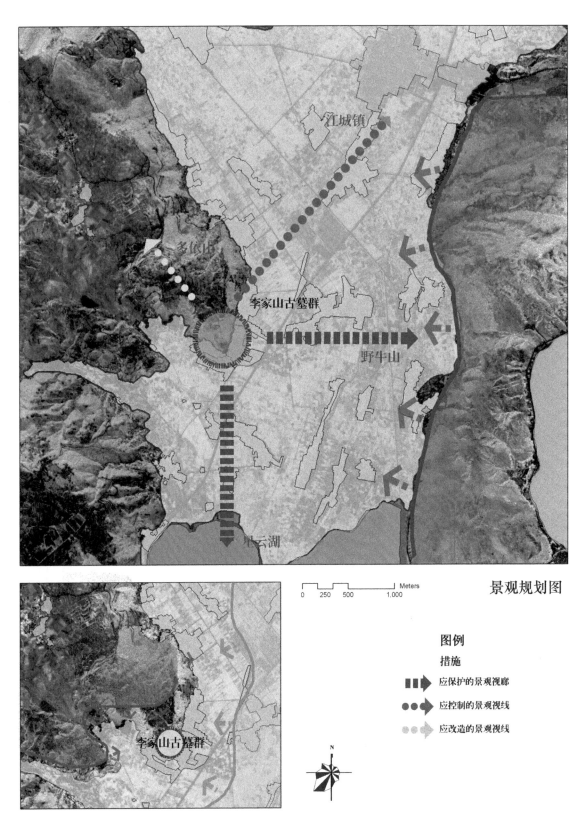

景观规划图

图例

措施

应保护的景观视廊

应控制的景观视线

应改造的景观视线

景观规划图

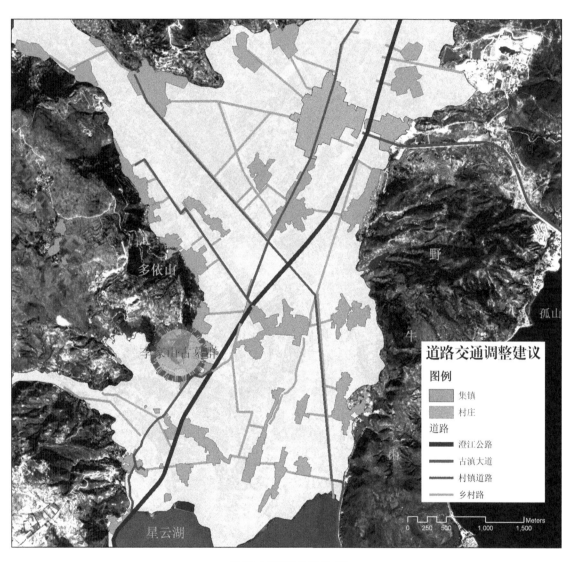

道路交通调整建议图

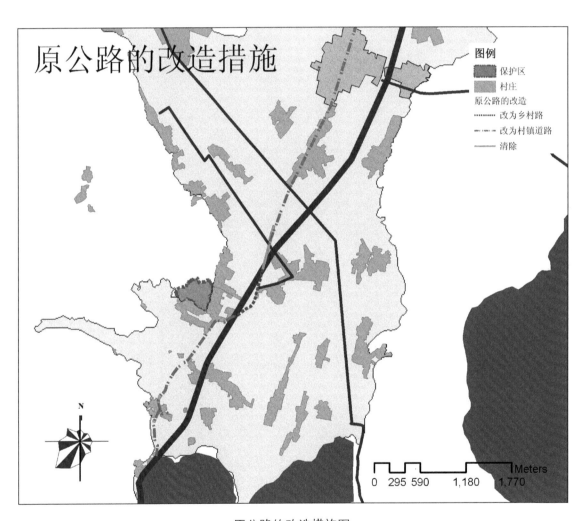

原公路的改造措施图

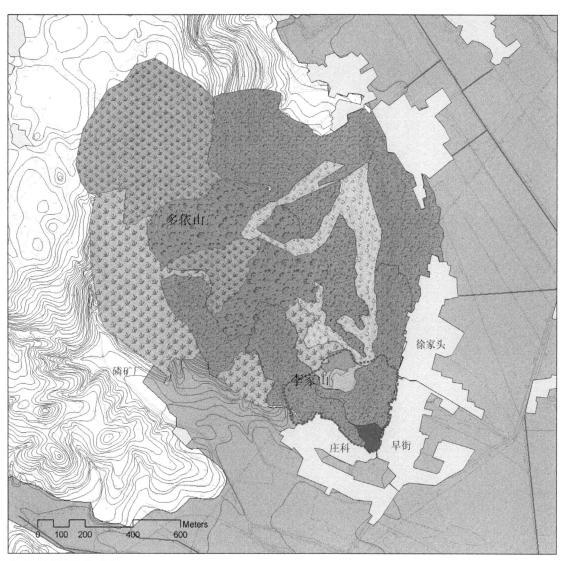

多依山

磷矿厂

李家山

徐家头

庄科 旱街

0 100 200 400 600 Meters

## 山体植被调整建议

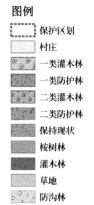

**图例**

保护区划
村庄
一类灌木林
一类防护林
二类灌木林
二类防护林
保持现状
桉树林
灌木林
草地
防沟林

李家山山体表土大部分为石灰岩发育的红壤和石灰土，由于土壤干旱瘠薄，应选择耐干旱瘠薄、根系发达、树冠较大、萌芽力强、防护性能好的乡土树种作为造林树种

一类灌木林：早熟板栗、樱桃、加州李等
一类防护林：黑荆树、木荷、圆柏、麻栎、滇朴等
二类灌木林：车桑子、水马桑、苦刺或小叶黄连木等灌木树种
二类防护林：华山松、云南松、旱冬瓜、木荷、滇青冈防护林
桉树林：搭配土壤营养成分含量改良效果较优的树种，如旱冬瓜等

**山上植被调整建议图**

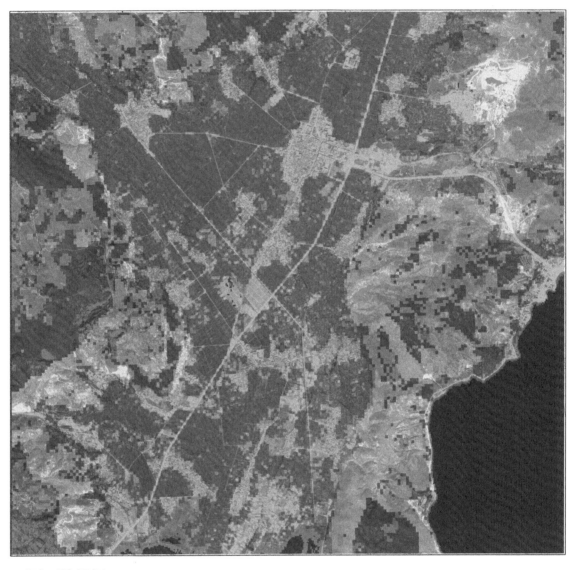

## 区域环境规划

### 图例

| | | | |
|---|---|---|---|
| 耕地 | Ⅰ1 | Ⅱ1 | |
| 建设用地 | Ⅰ2 | Ⅱ2 | |
| 湖泊 | Ⅰ3 | Ⅱ3 | |

在海拔1750~2000m之间的荒山荒地、退耕林造林地中

Ⅰ1：靠村寨旁和立地条件较好的地块，可营造早熟板栗、樱桃、加州李等

Ⅰ2：立地条件较差的地段，可营造黑荆树、木荷、圆柏、麻栎、滇朴等作防护林

Ⅰ3：石灰岩裸露地或石灰土地段，营造滇青冈、滇朴、圆柏、黄连木、小叶黄连木、苦刺、车桑子、马桑、小铁仔、甘余子等

在海拔2000~2600m之间的荒山荒地、退耕地，应发展防护林为主。

Ⅱ1：立地条件好的地块，可发展花椒、核桃、板栗及桃等

Ⅱ2：立地条件较差的地段，可营造华山松、云南松、旱冬瓜、木荷、滇青冈防护林或用材林

Ⅱ3：侵蚀严重地段，可营造车桑子、水马桑、苦刺或小叶黄连木等灌木树种

区域环境规划图

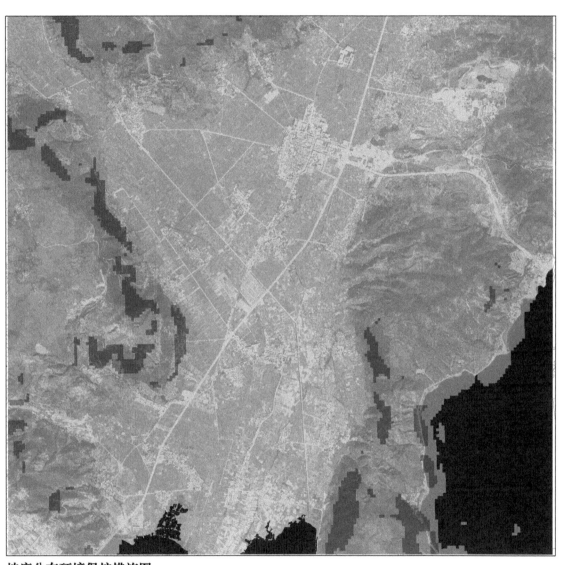

**坡度分布环境保护措施图**

|⎿__⎿‾‾⎿__⎿‾‾⎿_____| Meters
0　400　800　　　1600　　　2400

图例

| | | |
|---|---|---|
| | 0～6° | 坡度在 0～6°的区域，可以实行保土耕作 |
| | 6～25° | 6～25°区域禁止扩大耕地面积，同时应增加地表植被覆盖度 |
| | ＞25° | 坡度大于 25°的区域必须退耕还林 |

区域坡度分布图

169

## 保护分期实施图

图例

■ 近期
▨ 近期 中期
▨ 中期
▨ 中期 远期
▨ 远期

近期(2006-2010)
— 征保护区用地为文物保护用地
— 申请开展III类重点保护区的考古勘
— 对M51、M69、M85、M24实施保护措施
— 保护区统一布置安防设施
— 完善保护区内给水和电力系统设

中期(2011-2015)
— 完善保护区的安防体系
— 搬迁或改造保护范围内民宅
— 制定被破坏山体的修复计
— 实施遗址展示区规划方案
— 完善李家山遗址展示区内的管理配套和展陈设施

远期(2016-2026)
— 结合江城镇城市发展规划，整治坝区路网体系
— 结合生态环境规划，治理区域内水土流失；
— 保护周围山区的生态环境
— 整合区域内自然资源和文化资源，结合旅游发展规划，发展文化旅游经济

— 按照公布的保护范围边界设界碑，种植防护性绿篱
— 清理保护区内的坡耕地、新坟、不良构筑物
— 实施局部地貌的防护加固保护工程
— 停止多依山南麓磷矿厂的生产活动，启动搬迁计划
— 整治保护区植被环境，修整从徐家头上山的参观游线

— 搬迁多依山南麓磷矿厂
— 整治多依山环境，实行退耕还林，保护水土
— 整治山下村落环境
— 实施民俗展示区规划方案

— 保护坝区南部农耕景观。
— 保护星云湖、抚仙湖环境；
— 合理调整工矿企业的规模和分布，控制采矿对环境污染

保护分期实施图

# 附录一：滇国文化视野中的李家山古墓群

朱宇华

我国西南地区历史的研究一直比较缺乏。目前，在先秦两汉时期的云南历史中，关于古代"滇国"的研究最多，影响也最大。滇国是《史记》中记载的西南地区一个少数民族王国，具有独特的文化形态和文明特征。李家山古墓群作为古代滇国重要的一处文化遗址，对滇国历史研究以及我国西南地区历史和民族研究具有重大的意义。

## 一、关于"滇"名称的起源

关于"滇"称呼的起源，目前多引《华阳国志·南中志·晋宁郡》① 和《后汉书·南蛮西南夷列传》② 的说法，认为滇池形如倒流，以"颠倒"释义。《水经注》③ 亦曰"……周三百许里，上源深广，下流浅狭，似如倒流，故曰滇池也。"后来的学者多按此释义，王先谦《汉书补注》"上林赋文成颠歌，文颖注颠县，……，颠与滇同。然武帝前滇池县本作颠县，后人因池加水为滇耳。滇池读为颠池，以滇为义"。

然而，历史上也有人对此存疑，《水经注·温水注》中另曰："山水之间，悉是木耳夷居，语言不同，嗜欲亦异。"说明晋人常璩当时就知道当地语言和汉人发音不同。《说文解字》对"滇"的解释也仅是"益州池名，从水，真声"而已，未见颠倒之说。《华

---

① 《华阳国志·南中志·晋宁郡》：载"滇池县，郡治，故滇国也，有泽水周回二百里，所出深广，下流浅狭，如倒流，故曰滇池。"

② 《后汉书·南蛮西南夷列传》：载"有池，周回二百余里，水源深广，而末更浅狭，有似倒流，故谓之滇池"。

③ 《水经注卷三十六·温水注》。

阳国志校注》①中注曰："谯周、常璩以'倒流'释'滇'字之义，牵强附会，盖'滇'（音）本当地少数民族对此称呼，汉人译其音加水旁作'滇'耳。"当代壮族学者黄懿陆也认为"秦汉时代的滇池地区多系少数民族，被称为"西南夷"，因而不可能有汉语地名。而从有关古代彝族、白族的文献中可以知道，古代彝族、白族语称山间平地为"甸"，滇池四面环山，可能被叫作"甸池"，这个名称进入汉语后，就被按照汉语的习惯，凡江河湖泊的名称，都带上"水"旁，以同音的"滇"代替"甸"，记作'滇池'。"

## 二、关于"滇国"的有关资料

对滇国历史的探询无非来自史料和考古资料两方面。

史料方面，相关记载极少，直接影响了滇国甚至整个西南少数民族地区早期历史的研究。关于滇国的最早记载见之于《史记·西南夷列传》：

西南夷君长以什数，夜郎最大；其西靡莫之属以什数，滇最大；自滇以北君长以什数，邛都最大：此皆魋结，耕田，有邑聚。其外西自同师以东，北至楪榆，名为巂、昆明，皆编发，随畜迁徙，毋常处，毋君长，地方可数千里。自巂以东北，君长以什数，徙、筰都最大；自筰以东北，君长以什数，冉駹最大。其俗或士箸，或移徙，在蜀之西。自冉駹以东北，君长以什数，白马最大，皆氐类也。此皆巴蜀西南外蛮夷也。

可以看出，在西汉时期，我国西南地区分布了大小数十个王国，其中在夜郎以西，存在一支叫"靡莫"的少数民族，其中滇国最大。另外又说明，夜郎、滇、邛都等王国都是农耕民族，特征是束发（魋结）、从事农业（耕田）、有村庄聚落（邑聚）。同时也介绍北部存在"巂、昆明"两个游牧民族。

关于滇国的起源，《史记·西南夷列传》中最早记载了楚将庄蹻王滇之事：

始楚威王时，使楚将军庄蹻将兵循江上，略巴、（蜀）、黔中以西。庄蹻，故楚庄王苗裔也。蹻至滇池，（地）方三百里，旁平地，肥饶数千里，以兵威定属楚。欲归报，会秦击夺楚巴、黔中郡，道塞不通，因还，以其众王滇，变服，从其俗，以长之。

① 《华阳国志校注》，刘琳校注，巴蜀书社，1984。

司马迁之后，从汉朝到民国，共有《汉书》《华阳国志》《后汉书》《括地志》《元和郡县志》《十道志》《通典》《资治通鉴》《册府元龟》《通志》《太平御览》《太平寰宇记》《蜀鉴》、《云南纪略》《文献通考》《混一方舆胜览》等数十众文献，记载了庄蹻建立滇国之事。除《汉书》《后汉书》[①]记载略有不同外，其余大部分文献都是对《史记》的抄录和引用。

由于史料太少，历代学者或认为研究难度太大，或认为研究意义不大，涉猎滇国历史研究之人寥寥，所谓"滇国"之说也多处在传说和史实之间，直至新中国成立后考古上的重大发现。

考古资料方面，新中国成立后大量滇国古墓葬群的陆续发现。特别是 1956 年～1957 年晋宁石寨山第二次发掘，出土了"滇王之印"，经鉴定年代约在战国至西汉时期，从考古实物上完全印证了《史记》中所载的"滇王降汉，汉武帝授滇王王印"的历史史实[②]，从而揭开了古滇王国真实存在的序幕。其后，在滇池及周围地区又陆续发现了若干处文化遗址，通过器物比较和年代鉴定，确定均属于先秦至两汉时期的古滇王国文化遗址。这些遗址中出土的大量青铜实物大大丰富了人们对古滇王国的认识，也大大促进了学术界对滇国历史的探索和研究。

目前发现几个主要古滇国文化遗址的情况如下：

### 1. 呈贡天子庙古墓群

位于昆明市南 15 千米的呈贡区龙街镇小古城乡。南距县城呈贡 3000 米，西距滇池 2000 米。先后于 1975 年 2 月、1979 年 10 月、1979 年 12 月 4 日至 1980 年 1 月 22 日、1992 年 6 月 29 日至 1927 月 11 日进行了 4 次发掘，清理墓葬 67 座，编号为 M1～M67。加上第一次未编号的 9 座，共发掘古墓葬 76 座。全部出土文物 300 多件，海贝 1500 枚。

### 2. 晋宁石寨山古墓群

位于晋宁区城东北 12 千米的上蒜区石寨乡境内。三面环山、一面临水，距离滇池东岸仅 500 米，1955 年开始第一次清理发掘，随后，石寨山古墓地又经过 1956 年、

---

① 《后汉书》中记载庄蹻王滇一事与《史记》略有出入，后世多有学者对庄蹻王滇的史实表示置疑和争论，尚无定论。

② 《史记.西南夷列传》载"元封二年，天子发巴蜀兵击灭劳浸、靡莫，以兵临滇。滇王始首善，以故弗诛。滇王离难（西南夷），举国降，请置吏入朝。于是以为益州郡，赐滇王王印，复长其民。"

1957 年、1958 年、1960 年和 1996 年共 5 次田野考古发掘，清理墓葬 86 座，编号为 M1 ~ M86，出土文物 3200 多件。特别是 1956 年 ~ 1957 年的第二次发掘，出土了金质"滇王之印"，揭开了古滇王国真实存在的序幕。

### 3. 江川李家山古墓群

位于江川区旧城南约 3000 米，西北距石寨山约 40 千米，距昆明约 80 千米。1972 年开始第一次发掘。1991 年 12 月至 1992 年 4 月进行第二次发掘，被评为 1992 年全国十大考古发现之一，其后又有两次小规模发掘，共清理古墓 86 座，编号为 M1 ~ M86；出土文物 3300 多件。著名的青铜"牛虎铜案"，便出土于此。

### 4. 安宁太极山古墓群

太极山位于安宁市内。南面为晋宁区，距省会昆明 35 千米。经过 1964 年、1993 年的两次发掘，共清理古墓 58 座。

### 5. 曲靖珠街八塔台古墓群

位于曲靖市珠街乡董家村，距曲靖市 15 千米，经 1977 年、1978 年 12 月 ~ 1979 年元月、1979 年 3 月至 4 月、1980 年 3 月至 5 月、1981 年 2 月至 4 月、1981 年 11 月至 1982 年 1 月共六次发掘，清理墓葬 550 多座。其中土坑竖穴墓 220 座，约为战国至两汉的遗存；火葬墓 304 座，约为宋至明代的遗存；封土堆墓 30 多座。共出土文物 1000 多件。

### 6. 呈贡龙街石碑村古墓群

呈贡区龙街镇南约 2000 米的石碑村，北距天子庙古墓群 5000 米，南距晋宁石寨山 43 千米。背靠青山，面向滇池。1974 年 6 月 4 日至 14 日和 1979 年 11 月两次清理墓葬 180 座，均为小型墓葬。出土文物不多。

### 7. 羊甫头古墓群

羊甫头位于昆明市官渡区小板桥镇东约 3000 米的一个椭圆形缓坡上。1998 年 9 月 ~ 1999 年 6 月共发掘清理滇文化墓葬 495 座，东汉墓葬 29 座，明清墓葬 7 座。出土各种文物 4000 多件。2000 年，羊甫头古墓群被评为全国十大考古新发现之一。

### 8. 楚雄万家坝古墓群

1975 年 ~ 1976 年楚雄市万家坝清龙河西岸发掘墓葬 79 座，出土随葬品 1245 件，其中青铜 1002 件，铜鼓 5 面、羊角钮钟 6 件。铜鼓花纹简单，绘制稚拙，为迄今世界上年代最早、最原始之铜鼓。

**滇国墓葬遗址基本情况表：**

| 序号 | 遗址名称 | 遗址地点 | 发掘情况 | 备注 |
|---|---|---|---|---|
| 1 | 晋宁石寨山古墓群 | 晋宁区城东北石寨乡境内。遗址三面环山一面临水，紧邻滇池东岸。 | 1955 年第一次清理发掘，随后，又经过 1956 年、1957 年、1958 年、1960 年和 1996 年共 6 次考古发掘。 | 出土了金质"滇王之印"，印证了司马迁的记载，揭开了古滇王国真实存在的序幕。第五次发掘被评为 1996 年全国重要考古发现之一。 |
| 2 | 安宁太极山古墓群 | 位于安宁市内。南面为晋宁区，距省会昆明 35 千米。 | 1964 年首次发掘；1993 年第二次发掘。 | 出土文物较少。 |
| 3 | 江川李家山古墓群 | 江川区江城镇南约 3000 米，三面环山一面临水，紧邻星云湖北岸。 | 1972 年第一次发掘，1992 年第二次发掘，1994 年发掘 M85，1997 年抢救清理 M86。 | 出土'牛虎铜案'以及大量青铜重器，被评为 1992 年全国十大考古发现之一。 |
| 4 | 呈贡龙街石碑村古墓群 | 呈贡区龙街镇南石碑村，背靠青山，面向滇池。 | 1974 年首次清理发掘；1979 年第二次发掘。 | 均为小型墓葬。出土文物不多。 |
| 5 | 呈贡天子庙古墓群 | 呈贡区龙街镇小古城乡，西距滇池 2 千米。 | 1975 年首次发掘，随后在 1979 年 10 月、1980 年、1992 年共进行了 4 次发掘。 | 文物数量和规格上不如石寨山和李家山，但年代较早。 |
| 6 | 楚雄万家坝古墓群 | 楚雄市万家坝清龙河西岸 | 1975 年 ~ 1976 发掘墓葬 79 座。 | 年代较早，部分属于滇文化，属于过渡类型。 |
| 7 | 曲靖珠街八塔台古墓群 | 曲靖市珠街乡董家村 | 1977 年、1978 年、1979 年、1980 年、1981 年、1982 年共六次发掘。 | 部分墓葬有滇文化因素。 |
| 8 | 昆明羊浦头古墓群 | 昆明市官渡区小板桥镇的一个椭圆形缓坡上 | 1998 年 9 月 ~ 1999 年 6 月共发掘清理滇文化墓葬 495 座。 | 墓群数量多，年代较晚，汉文化因素多。1999 年被评为全国十大考古发现之一。 |

除了上述墓葬遗址之外，还发现了其他一些规模较小的滇文化墓葬，例如昆明大团山、上马村、呈贡小松山、晋宁金砂山、小梁王山；澄江黑泥湾、双树营；江川小团山、竹园等十余处，在墓葬型制、出土器物等方面与石寨山、李家山古墓群相似或一致，均为滇国时期的墓葬，不另细述。

除了墓葬遗址外，目前发现的关于古滇国的其他类型考古资料并不多，2001 年在李家山附近的抚仙湖进行了水下城址考古。水下城址究竟为何物目前尚没有定论，其中有一种意见认为是滇国王宫或行宫所在[①]。

---

① 目前所知，明确对水下城址发表意见的有云南省博物馆的张增祺研究员，他认为水下城址是东汉时期的俞元城。见《探秘抚仙湖》，张增祺，云南民族出版社 2002。

## 三、滇国研究成果概述

如前所述，随着大量考古资料的发现，关于滇国的许多信息正在整理、分析和研究当中。结合文献史料和考古资料，目前关于滇国所能明确的认识是，历史上的确存在过一个滇国，位于我国西南的滇池地区，以青铜器为主要文化特征。滇国存在的时期约在春秋战国～西汉初期（元封二年，前109年），前后历时约300年左右。东汉以后，滇文化逐渐与内地相互融合而消亡。

目前国内研究成果主要体现在以下几个方面：

**1. 关于"滇国"起源：**

按《史记》记载，滇国是由楚人庄蹻建立的，然《后汉书》的记载颇有不同①，后世学者莫衷一是，多提出不同的看法，有人从司马之说，有人从范晔之言。

新中国成立后在20世纪80年代，我国史学界对"庄蹻"身份以及"王滇"之事发生过一场争论。有人认为"庄蹻王滇"是楚国内部的农民起义，有人认为"庄蹻王滇"是秦楚争霸时楚将的对外出兵，另外还有人认为存在两个庄蹻等等。②不论何种结论，一种普遍的认识是"庄蹻"将先进的楚文化带到了西南少数民族地区。

随着滇国墓葬的不断发现，考古界惊奇地发现滇文化与楚文化并无太多一致，反而与我国沿海地区的百越文化相似。李昆声教授专门对滇池地区出土的青铜器中具有的百越文化特征的文物做了论证。③至此，考古界许多人对司马迁所言"庄蹻（楚人）王滇"一事的历史真实性持置疑态度。

目前对"滇国"起源一事做较系统研究的黄懿陆先生，通过史料比较和整理，结合考古学上的认识，对庄蹻王滇之事做了细致论证，认为庄蹻是早先并入楚国的东部越人首领后裔，秦楚相争时割东地自治，楚顷襄王时受招安，先"盗"后"将"，其后受命领东地越人军队入西南，并最终因道塞无法回归，而在滇池称王，与当地文化逐渐结合的历史。④

---

① 《史记》记载是楚威王（前339～前328年）派遣庄蹻进军西南，《后汉书》记载是楚顷襄王（前298～前363年）派遣庄豪进西南。二者时间上隔了一个楚怀王（前328～前298年）。

② 见《滇国史》第26页～33页。

③ 《云南考古材料所见百越文化考》，李昆声。

④ 《滇国史》，黄懿陆，云南人民出版社2004。

### 2. 关于"滇国"疆域

《史记》上记载"其（夜郎）西，靡莫之属以什数，滇最大"，司马迁又称"滇小邑"，可见，在司马迁眼中，西南地区部落（国）众多，其中滇国最大。

从发现的考古遗址分布上，考古学家张增祺根据出土文物的特征，勾勒了一个滇国轮廓："东至陆良、泸西一线，北达会泽、昭通等地，南抵新平、元江一带；西到安宁及附近，在这个东西宽约 150 千米，南北长约 400 千米的区域内，战国至西汉时期除了滇国青铜器外，尚未见别的文化遗物（个别外来文物除外）。这一历史现象表明，上述地区大概就是古代滇族活动范围，亦即滇国的分布区域。""从滇文化分布范围看，古代滇国的领地并不广阔，大致包括今昆明市（4 区 8 县）和东川全部、曲靖和玉溪地区大部，红河州、楚雄州和文山州的一部分地区。"① 这种观点目前具有一定普遍性，另外，历史学家杨宽、学者杨帆、黄懿陆等也提出了各自的观点。

在滇文化分布范围上另外一种意见是，滇文化分布应考虑分为两个区域，一是滇文化的中心分布区；二是滇文化的次生分布区，即滇文化传播区域，不能把为数不多的甚至是个别滇式器物的出土当作该器物所属文化的区域。

云南省考古研究所蒋志龙认为，滇的中心分布区大致在滇池东岸的晋城（石寨山）至玉溪市江川区龙街（李家山）一线，大体在东西 50 千米，南北相距 60 千米的小范围内，地处滇池的昆明坝子和玉溪的江川坝子两个盆地，具体而言，就是滇池、抚仙湖、星云湖之间的狭长地带，遗址上主要包括呈贡天子庙、晋宁石寨山、江川李家山几个古墓群。此区域内遗存特征不仅一致，而且分布地域彼此连贯，考古遗存上表现为共同的、相对稳定的器物群体组合。滇的次生分布区为：西起楚雄，东达宣威，北至金沙江南岸，南及新平、元江。② 此区域与张增祺、李昆声关于滇文化分布范围基本相同，考古上表现为有滇文化类型的遗存发现，同时也存在另外的文化特征。

按照这种理解，滇国的范围应是中心分布区，而次生分布区是滇文化传播的区域。

### 3. 关于"滇"的民族族属

关于滇国主体民族的争论也一直存在，比如著名历史学家方国瑜的彝族论③，马

① 《滇国与滇文化》，张增祺，云南美术出版社 1997，第 11 页。
② 《滇国探秘》，蒋志龙，云南教育出版社 2002，第 22 ~ 23 页。
③ 《彝族史稿》，方国瑜，四川民族出版社 1984。

曜先生的白族说<sup>①</sup>，以及何光岳的楚人说<sup>②</sup>等，各有所据。不过原先依据的都是有限的史料。

目前学术界比较认同的意见是越人说。这种认识与考古资料的丰富紧密相关。随着滇池附近发现大量新石器时期和青铜时代的遗址。许多学者发现，无论是滇池地区新石器时代的文化器物，还是青铜时代的文化器物均表现为明显的百越族特征。通过器物的比较和相关历史考证，目前考古界和史学界多数学者认为，百越民族才是滇国当时的主体民族。<sup>③</sup>

### 4. 关于"滇"都城

滇国都城所在，目前比较一致的意见是今晋宁区晋城镇。通过史料记载，滇国降汉之后汉置益州郡，考史料中所载之益州郡治以及与滇池的地理关系，可知益州郡治西北有滇池，审之地理为今晋宁区晋城镇所在。而 1956 年在晋城西北处位于滇池岸边的石寨山出土了"滇王之印"，从考古上证实了晋城即古滇国都邑所在。

### 5. 其他研究

对于滇国政权体制，经济贸易、神巫观念以及农业生产、建筑、冶炼等各个方面的研究仍在进行之中。随着考古资料的不断丰富，已经有越来越多的学者投入到滇国和滇文化的研究当中。

## 四、滇国墓葬遗址的比较分析

从以上关于滇国研究的介绍中不难发现，考古资料的丰富为滇国历史研究提供了巨大的帮助，也为我们完整真实地揭露古滇国历史提供了大量准确的信息。

从目前发现的几处滇文化墓葬群来看，石寨山古墓群是确定的滇王埋葬所在，李家山古墓群无论在墓群规模，考古年代以及出土器物等方面与石寨山有极大的相似性，在探究滇国历史、滇国文化方面具有重大价值。

从规模上看，李家山古墓群在 1972 年和 1992 年进行过两次大规模发掘，加上

① 《白族简史》，马曜，云南人民出版社 1988。
② 《楚源流史》，何光岳，湖南人民出版社 1988。
③ 关于滇青铜文化以及本地新石器文化具有大量南方沿海的百越族器物特点的观点已得到普遍认同，可参见王大道《试论云南新石器文化》；李昆声《云南文物考古五十年》；张增祺《中国西南民族考古》等著作。

1994 年和 1997 年各发掘一个，共发掘墓葬 86 座，全部集中在山顶区域，在这 86 座墓葬中，有相当数量的大型墓葬，出土文物的种类和数量相当丰富。在规模上李家山古墓群已经超出呈贡天子庙，与石寨山的规模相当。更为重要的是，1994 年对李家山山顶西南坡的勘探中，考古学家发现了至少有 200 座墓葬仍埋于地下，未被发掘。同时在朝向湖面的东南坡也陆续发现零散墓穴，此区域目前未做勘探，据专家估计，东南坡仍有大片墓葬存在。由此看来，李家山古墓群的规模将超过石寨山，是目前发现的最庞大的滇国古墓群之一。

**滇文化主要墓葬考古规模评价表**

| 遗址名称 | 遗址面积 | 发掘墓葬 | 未发掘墓葬 | 墓葬规格 | 规模评价[①] |
|---|---|---|---|---|---|
| 晋宁石寨山古墓群 | 2300 平方米 | 86 座 | 无 | 大型墓若干 | A |
| 江川李家山古墓群 | 12300 平方米 | 86 座 | ≥ 200 座 | 大型墓若干 | A |
| 安宁太极山古墓群 | 400 平方米 | 58 座 | 不详 | 小型墓 | D |
| 呈贡石碑村古墓群 | 1340 平方米 | 180 座 | 不详 | 小型墓 | D |
| 呈贡天子庙古墓群 | 800 平方米 | 76 座 | 不详 | 大型墓一座 | B |
| 楚雄万家坝古墓群[②] | 3000 平方米 | 79 座 | 不详 | 大型墓若干 | C |
| 曲靖八塔台古墓群[③] | 5000 平方米 | 220 座 | 不详 | 大型墓 | C |
| 昆明羊浦头古墓群 | 40000 平方米 | 524 座 | 无 | 大型墓 | A |

遗址面积：指历次考古发掘面积的总和

未发掘规模：指经过勘探，未经过发掘的墓群数量

墓葬规格：指墓群中墓坑的规模大小和随葬品的丰富程度。

从遗址重要性的等级上看，李家山古墓群中发现许多大型墓，墓的型制，棺椁制度等与石寨山一致；在考古年代上为战国至东汉时期，与石寨山古墓群为同一时期[④]。

---

① 规模评价中，考虑到万家坝墓群和八塔台墓群的文化性质与石寨山墓群并不完全一致，评价相应减分。

② 关于万家坝古墓群的文化性质，学术界存在不同争论，多数人认为是一种过渡类型，青铜特征介于洱海地区和滇池地区之间，这里暂时归于滇文化。

③ 八塔台墓群总共发掘 550 座，有 220 座为滇时期的土坑墓，其余 304 座是宋以后的火葬墓，另有东汉以后的 30 余座封土墓，青铜器物特征与石寨山、李家山文物大体一致，但又有自身特点。

④ 按考古发掘报告，目前发现的李家山墓群略早于石寨山墓群，年代跨度大。

考古资料研究表明，李家山的墓葬沿袭时间很长，器物特征具有连续演变性，贯穿了滇文化从兴起到鼎盛，再至消亡的整个历史[①]；李家山出土了大量祭祀铜鼓、贮贝器等，与石寨山出土的滇国青铜重器的风格特征完全一致，规格上二者相当，数量上还略有超过；李家山出土的"牛虎铜案"，形体规格大，工艺精良、艺术性高，为"国宝"级文物，已经蜚声海外；考古学家普遍认定李家山应是滇王族属一级的贵族墓地。

滇文化主要墓葬重要性等级评价表：

| 遗址名称 | 墓葬规格 | 墓主类型 | 考古年代 | 文物等级 | 重要性评价 |
| --- | --- | --- | --- | --- | --- |
| 晋宁石寨山古墓群 | 大型墓若干 | 滇王墓地 | 战国晚期～西汉时期 | 高 | A |
| 江川李家山古墓群 | 大型墓若干 | 滇国王族贵族墓地 | 战国晚期～东汉初期 | 高 | A |
| 安宁太极山古墓群 | 小型墓 | 平民墓地 | 西汉初期～西汉中期 | 一般 | D |
| 呈贡石碑村古墓群 | 小型墓 | 平民公共墓地 | 春秋晚期～西汉初期；西汉中期～东汉早期 | 一般 | D |
| 呈贡天子庙古墓群 | 大型墓一座 | 滇国王族贵族墓地 | 战国中期～西汉初期 | 较高 | B |
| 楚雄万家坝古墓群 | 大型墓若干 | 不详 | 春秋中期～战国晚期 | 高 | B |
| 曲靖八塔台古墓群 | 大型墓 | 不详 | 春秋战国时期 | 较高 | C |
| 昆明羊浦头古墓群 | 大型墓 | 不详 | 西汉～东汉 | 较高 | B |

## 五、李家山古墓群在滇国研究中的地位

综上可知，对于滇国的认识源于历史文献和考古资料，在历史文献方面，资料较少，仅限于《史记》《汉书》《后汉书》等几部资料，记述也不详尽。滇国历史的研究进展主要来源于考古资料的不断发现，在目前发现的滇国墓葬遗址当中，李家山古墓群属于典型的滇国墓葬，其规模之大、出土器物之多、器物之重要性在众多滇国墓葬遗址中格外突出。

在发掘了86座古墓之后，尚有近百座古墓还深埋在土中。考古学家认为，李家山

---

① 云南省考古所张新宁研究员发现李家山置郡后的墓葬所发掘出来的文物，无论规模还是数量都超过了置郡前，反映出置郡后滇贵族的财富并没有被掠走，且财富的积累远远超过了前代。他认为，滇虽然只是一个邦国，但相对而言，主权还应是相对独立的。汉王朝设置郡县、派官吏进行管理，但对滇贵族在很长一段时间内经济上并没有剥夺，仍承认他们的地位和权力，更没有进行打击。这与当时被征服的其他地方不同。

古墓群中埋藏着的"青铜王国"，是保存古滇国文明的一座宝库，是解开云南早期历史之谜的一把钥匙。

因此，从滇国文化视野中，李家山古墓群具有以下几方面的重要价值：

李家山古墓群反映的是先秦至两汉时期的一个地方古国文明，年代久远。

滇国是我国西南地区早期历史上存在过的一个少数民族王国，具有独特的文明特征。李家山古墓群是消失的古滇国文明的重要遗址之一，文化类型珍稀。

滇文化分布具有一定的区域，李家山古墓群与石寨山遗址一样，代表着典型的滇国文化。文化类型典型。

在已发现的众多滇文化遗址中，李家山古墓葬遗址类型典型，规模庞大，墓葬规格等级高，同时年代跨度大。是古滇国重要的贵族或王族墓地之一，具有极高的研究价值。

对于研究滇国历史和我国西南地区早期文明具有重要价值。对于探究中华文明的形成具有重要价值。

# 附录二：云南青铜文化视野中的李家山古墓群

朱宇华

## 一、云南青铜文化概述

青铜时代是考古学上的一种分类，人类文明都基本经历了从石器时代到陶器时代、再到青铜时代以及铁器时代的过程。按《辞海》的定义：[①] "（青铜时代）考古上以继红铜时代之后的一个时代；青铜是红铜与锡的合金，较红铜熔点低，硬度高，易铸造。" 我国在商代（前1600年~前1046年）进入青铜时代的繁盛期，有相当发达的农业、手工业，并有了文字。

考古发掘和研究表明，云南青铜时代产生要晚于中原地区，约相当于商代晚期或周代初期。目前发现年代最早的遗址是1957年发掘的洱海地区的剑川海门口遗址，发现14件铜器和1件制造铜器的石范。根据检测结果，其中有10件为含锡青铜（个别含铅），年代测定数据也表明，云南在商代即已进入青铜时代。[②] 能够证明云南早期青铜时代的还有1977年发现的位于滇池西岸的昆明王家墩遗址，据专家推测年代为商末周初。另外有材料介绍，经中国科技大学用现代实验方法对河南安阳著名的妇好墓出土青铜器进行研究，发现商代"妇好墓部分青铜器的矿料不是产自中原，而是来自云南某地。这就证明了，早在3200年前云南的铜矿资源就已经被开发利用。"[③]

---

① 《辞海》，上海辞书出版社（彩图缩印版）1999。

② 原发掘报告认为这些铜器系红铜，并认定该遗址属新石器时代晚期，一些学者认为是铜石并用时代遗址。

③ 转引自李昆声《云南文物考古简介》，《云南文物保护记》，云南省政协文史委员会编，云南人民出版社2001

云南青铜文化类型丰富，情况非常复杂。目前所知分类方式有以下四种。

第一种分类以王大道为代表，将云南青铜文化分为"滇池区域、洱海区域、怒江澜沧江上游区域、澜沧江下游地区、红河流域地区"[1]。

第二种分类是以李昆声、张增祺为代表，认为云南青铜文化可分为"滇池地区、洱海地区、滇西北地区和红河流域"四种不同类型。[2] 这种观点目前影响比较广泛。

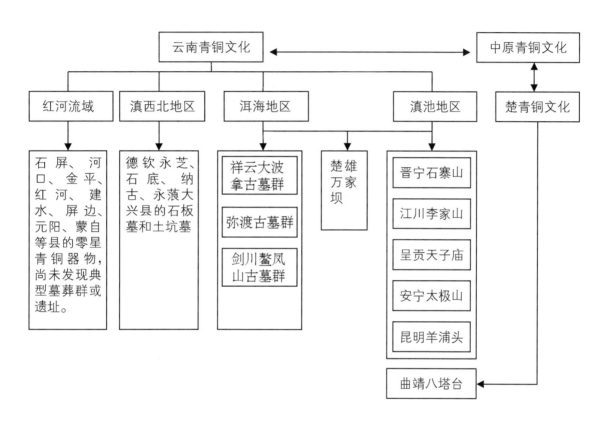

第三种分类是以许智范肖明华为代表，认为云南青铜文化可以分为两大体系六种类型。第一体系是以越人文化为特点的青铜文化体系，这一体系当中包括三种类型：以滇池为中心的滇人青铜文化；以澜沧江中下游的昌宁、龙陵一带的滇越人青铜文化，以红河为中心的滇南越人青铜文化。第二体系是以昆明人文化为特点的青铜文化体系，这一体系也包括三种类型，即巂人文化类型、昆明人文化类型和白狼人文化类型。[3]

---

① 王大道《云南青铜文化的五个类型和班清、东山文化的关系》,《云南文物》22 期 1988

② 李昆声张增祺《云南青铜文化初探》, 载《云南青铜文化论文集》

③ 李学勤范毓周主编《早期中国文明丛书－南方文化与百越滇越文明》, 许智范肖明华著, 江苏教育出版社 2005

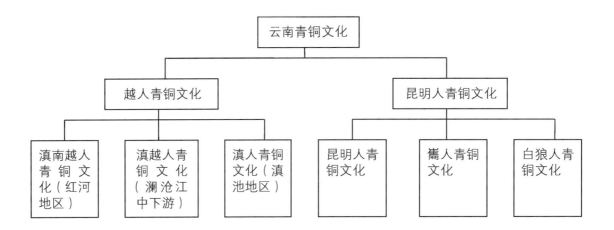

第四种分类是以杨帆为代表，认为云南及金沙江流域的青铜文化可以分为三个大文化区、一个文化交汇区和一个暂时空白区。三个大文化区是指以氐羌族文化为特征的滇西北和川西南地区；以百越族文化为特征的滇池区域（滇中）和滇东南区域；以百濮族文化为特征的滇东北的川滇黔三省交界地带。一个文化交汇区是指三个大区的交汇地带，即洱海—西昌—楚雄之间，以僰人、昆明人游牧文化为特征。一个暂时空白区是指滇西和滇南地区。同时杨帆对三个大区还继续细分，其中以百越族为特征的滇中滇东南大文化区又分为两个小类型：滇池地区青铜文化、滇东南红河流域青铜

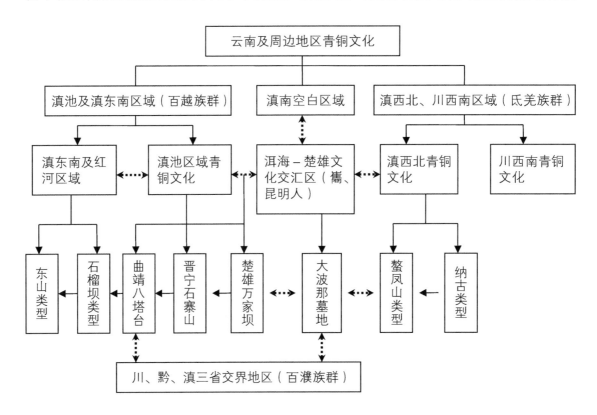

文化。[①]

比较而言，前面两种分类是以云南省为范围，从考古学上对云南出土的青铜特征进行分类。二者总体出入不大，怒江澜沧江上游区域即滇西北地区，澜沧江下游区域即滇南地区。第三种分类在考古学基础上加入了人类学的成果，分类更细致。第四种分类超出了云南省界，纳入川西南，黔西地区，从考古学、人类学、历史学等多个角度来细分中国西南一个大区域内的青铜文化特征。

不论何种分法，目前学术界对于云南青铜文化形成的共识是，云南青铜文化的发展既继承了本地新石器文化，又吸收了大量外来文化，并且一致认识到，在类型丰富的云南青铜文化中，最突出的就是滇池地区的青铜文化。"战国末至西汉中期，光辉灿烂的滇国青铜文化成为当时世界上最著名的、最富有地方特色和民族风格的古文化之一。"[②] 在李学勤主编的《早期中国文明丛书——南方文化与百越滇越文明》一书中，作者也直言说："本书认为的（云南青铜文化）两大体系六个类型中，尤以滇池周围的青铜文化较为发达，是云南青铜文明的代表"[③]。

## 二、滇池地区青铜文化概述

滇池地区青铜文化是云南青铜文明的代表，而体现滇池地区青铜文化正是古滇国时期的青铜墓葬群。

考古资料证实，滇池地区青铜文化起源较早，在滇国时期达到鼎盛，东汉之后又逐渐消亡。目前发现最早的遗址是 1977 年在滇池西岸发现的王家墩遗址，'保存有成排的木桩'[④]。铜石器相混，器物形状相似，铜戈与商代早期铜戈相似，说明滇人青铜文化是在当地新石器文化基础上，不断吸收了外来文化发展起来的。

至战国时期，滇池地区青铜文化日趋强盛，这可能与庄蹻建立滇国有关，大量地方特色浓郁，具有典型特征的青铜墓葬群都属于这个时期，其发展一般分为四期，第一期为春秋战国时期，器物地方特色浓郁；第二期战国晚期至西汉初期，出现大量青

① 杨帆《试论金沙江流域及云南青铜文化的区系类型》，载《中华文化论坛》2002.4。

② 《云贵高原的西南夷文化》，张增祺，湖北教育出版社，2004。

③ 李学勤范毓周主编，《早期中国文明丛书—南方文化与百越滇越文明》，许智范肖明华，江苏教育出版社 2005。

④ 李永衡、王涵《昆明市西山区王家墩发现青铜器》，《考古》1983 年第五期。

铜农具，滇文化进入鼎盛；第三期西汉晚期，出现内地输入物，如铜钱铜镜，铁器增加，中原化趋势明显。第四期相当于西汉晚期至东汉初期，出现大量铜钱和纯铁器，饰圆雕人物、动物，滇文化逐渐和中原文化融合并消失。滇青铜文化消亡的过程也与"滇王降汉，汉置吏入滇"[①]的历史史实基本一致。

在青铜器物特征方面，如前一节所言，许多专家学者研究发现滇池地区墓葬群的青铜特征彼此也有所区别，选取的八个典型滇池地区的青铜墓葬，对它们的青铜器文化特征做个分类。

**滇青铜墓葬群考古类型表：**

| 遗址名称 | 典型墓葬 | 出土器物类型 | 器物说明 | 类型比较 | 结论 |
|---|---|---|---|---|---|
| 晋宁石寨山古墓群 | M1、M12、M71、M6 | 滇王之印；大量铜鼓、各种主题的铜鼓贮贝器、大量青铜兵器（一字格剑）、农具和铜俑、青铜编钟、青铜扣饰等。 | 出土器物精美，数量繁多、类型丰富、工艺精湛、地方特色浓郁，是明确的滇王埋葬所在。 | 滇池地区青铜文化的典型代表。 | 代表鼎盛时期的滇青铜文化，是滇青铜文化的重要参照点。 |
| 江川李家山古墓群 | M24、M57 | 牛虎铜案、大量铜鼓、各种主题铜鼓贮贝器、大量青铜兵器（出现一字格剑）、农具、铜枕、青铜乐器、青铜扣饰等。 | 器物精美，数量繁多、类型丰富、地方特色浓郁。 | 器物类型与石寨山一致，数量和种类方面超过石寨山。 | 鼎盛时期的滇青铜文化。 |
| 安宁太极山古墓群 | M14（小型墓） | 圜底陶器，青铜农具。 | 小型墓群，随葬品少。 | 发现的器物类型与石寨山一致。 | 规模小，墓主地位低。滇国时期的墓葬。 |
| 呈贡龙街石碑村古墓群 | M8（小型墓） | 圜底陶器，青铜农具和兵器。 | 小型墓群，随葬品少。 | 发现的器物类型与石寨山一致。 | 滇国时期的墓葬。 |
| 呈贡天子庙古墓群 | M41 | 铜鼎、铜釜、桶形贮贝器、青铜兵器、青铜农具、青铜乐器（铜鼓铜铃）及饰品。 | 年代较早，类型上已包括滇青铜文化的主要类型。有铜釜和铜鼓并存。 | 器物类型基本与石寨山一致，数量和规模不如石寨山。 | 滇青铜文化的早期阶段[②]。 |

---

① 《史记.西南夷列传》"元封二年，……。滇王离难（西南夷），举国降，请置吏入朝。于是以为益州郡……。"

② 有学者研究认为，天子庙是滇国早期王族墓葬，M41可能就是第一代滇王庄蹻之墓。见黄懿陆《滇国史》。

| 遗址名称 | 典型墓葬 | 出土器物类型 | 器物说明 | 类型比较 | 结论 |
|---|---|---|---|---|---|
| 楚雄万家坝古墓群 | M23 | 独木棺、四面铜鼓、铜兵器。 | 器物类型单一、纹饰朴素、制作工艺低。红铜居多。铜鼓仍处在鼓、釜不分阶段①。 | 无青铜农具、贮贝器、未见独立用途的青铜礼器和乐器。 | 受洱海地区青铜文化影响，属于洱海文化向滇池文化过渡类型。② |
| 曲靖珠街八塔台古墓群 | 不详 | 陶鼎、青铜兵器、铜鼓铜铃、铜扣饰。 | 青铜器物与滇文化基本一致，墓中大量陶鼎属首次发现。 | 有自身特点，与滇青铜文化有相同处。 | 属于滇池文化与楚文化相互影响地区③。 |
| 昆明羊浦头古墓群 | 不详 | 青铜器（兵器、生产工具、乐器等）、木雕漆器、陶器。 | 青铜器与滇文化相同，但陶器和木雕漆器出土为罕见，葬坑也比较特殊。 | 与滇青铜文化有相同处，但是也有自身特点。 | 属于滇池文化与巴蜀文化、楚文化相互影响地区④。 |

从上表看出，滇池地区发现的青铜墓葬虽然都可称作滇文化墓葬，但是彼此之间亦有所区别。其中，以石寨山类型为特征的包括晋宁石寨山、江川李家山、安宁太极山、呈贡天子庙、呈贡龙街石碑村五处，而楚雄万家坝墓群、曲靖珠街八塔台墓群、昆明羊浦头墓群在具备石寨山类型特征的同时，还有明显的其他的文化特征。

从地理分布上，楚雄位于滇池西北方向，青铜特征靠近洱海（滇西北）地区青铜文化；曲靖位于滇池东北，临近中原，自古为"全滇锁钥，是入滇的交通要道。⑤"青铜文化上有较多中原影响。昆明位于滇池北面，历史上属于以僰人、昆明人为主的游牧文化地区，文化特征比较复杂。而以石寨山类型为稳定特征的青铜墓葬群均分布在以滇池、抚仙湖、星云湖等几个紧邻的高原湖泊沿岸，构成了滇池地区青铜文化的中

---

① 云南是世界铜鼓发源地，万家坝铜鼓是目前世界公认的最原始的铜鼓，被命名为万家坝型铜鼓。石寨山型铜鼓也是铜鼓发展史上被命名的一种铜鼓类型。可参见有关铜鼓研究著作和文章。

② 此观点已被多数学者认同，见李昆声《云南省博物馆建馆五十周年论文集》、张增祺《滇国与滇文化》等著作。

③ 考古发掘报告认为"珠街出土青铜遗物，具有较多的中原文化因素，例如陶鼎的流行"，见王大道，《云南曲靖珠街八塔台古墓群发掘简报》，《云南考古文集》，云南民族出版社 1998。

④ 羊浦头的墓坑中有腰坑、二层台、垫木、填膏泥等楚墓特征，见杨帆《试论金沙江流域及云南青铜文化的区系类型》。

⑤ 王大道《云南曲靖珠街八塔台古墓群发掘简报》。

心地带。如安宁太极山在滇池西岸，晋宁石寨山、呈贡天子庙在滇池东岸，江川李家山在星云湖北岸。据此，有考古学者根据出土器物特征的差异，将滇池地区青铜文化分为石寨山类型、万家坝类型和八塔台类型[1]。这种分类与蒋志龙研究员提出的滇国文化具有中心区和次生区的概念有相似之处。

综上可知，滇池地区青铜文化包含有不同类型，石寨山类型是鼎盛时期滇池地区青铜文化的代表。

## 三、李家山古墓群在滇池地区青铜文化中的地位

在滇池地区青铜文化中，石寨山类型最具典型，文明类型上代表着古代滇国的青铜文化。在滇池、抚仙湖、星云湖地域内发现的滇国墓葬群数量较多，但规模较大的墓群仍然是本文中所列出几处遗址。将与石寨山同类型的各个墓葬的规模、规格以及文物数量进行比较，列表如下：

**滇池周围青铜墓葬群情况列表**

| 遗址名称 | 遗址面积 | 发掘墓葬 | 未发掘规模 | 墓葬规格 | 墓主类型 | 出土文物 |
|---|---|---|---|---|---|---|
| 晋宁石寨山古墓群 | 2300 平方米 | 86 座 | 无 | 大型墓若干 | 滇王墓地 | 3200 件，类型丰富 |
| 江川李家山古墓群 | 12300 平方米 | 86 座 | ≥ 200 座[1] | 大型墓若干 | 滇王族贵族墓地 | 3300 余件，类型丰富 |
| 安宁太极山古墓群 | 400 平方米 | 58 座 | 不详 | 小型墓 | 平民墓地 | 较少，类型多 |
| 呈贡龙街石碑村古墓群 | 1340 平方米 | 180 | 不详 | 小型墓 | 平民公共墓地 | 较少，类型少 |
| 呈贡天子庙古墓群 | 800 平方米 | 76 | 不详 | 一座大型墓 | 滇国王族贵族墓地 | 300 余件，类型多 |

遗址面积：指历次考古发掘面积的总和

未发掘规模：指经过勘探，未经过发掘的墓群数量

墓葬规格：指墓群中墓坑的规模大小和随葬品的丰富程度。

---

① 杨帆《试论金沙江流域及云南青铜文化的区系类型》，载《中华文化论坛》2002.4

② 1994 年 1 月，经过云南省考古所勘探，在李家山西南坡仍有 200 余座墓坑存在，未必盗掘。其后，在临近早街村的东南坡也发现零散小墓，云南省考古所张新宁认为，东南坡也可能存在墓群，但目前尚未进行勘探。

从表中不难发现，无论在墓群规模、还是出土器物的数量和类型上，李家山古墓群青铜器都是非常突出的，代表着滇池地区典型的青铜文化。

## 四、李家山古墓群在云南青铜文化视野中的价值

综上论述，可以得出在青铜文化视野中，李家山古墓群具有如下重要价值。

云南青铜文化是中国青铜文明的重要组成，李家山古墓群所反映的滇池青铜文明是云南青铜文化的典型代表。对于研究云南青铜文化具有重要价值。

李家山古墓群青铜文化来源于当地新石器文化，年代久远，类型独特，是我国西南少数民族地区早期文明的典型。

李家山古墓群青铜文化在滇国时期达到鼎盛，并在西汉中期后逐渐与内地中原文化相互融合。考古年代前后持续四五百年，器物特征的演变具有连续性，反映了与中原文化相互融合的珍贵历史。

在已发现的滇池地区青铜墓葬当中，李家山古墓群规模庞大，出土器物数量众多，类型独特，是滇池地区青铜文明的典型代表。

# 附录三：墓葬文化视野中的李家山古墓群

朱宇华

古人对墓地的选择相当慎重，人死之后多择吉地埋葬，认为墓地、墓穴是"人死之后在阴间生活的居所"。云南是一个多民族省份，各民族丧葬习俗差异也相当大，有"火葬""树葬""水葬""天葬""土葬"等多种形式，不论何种葬法，都体现"灵魂不死"共同的观念意识。

从考古资料上发现，云南滇国时期的墓葬普遍采用土坑竖穴的方式，外面不见封土。大墓有棺椁并用随葬品，小墓有的不见任何棺椁和随葬品，葬式比较简单。自西汉设置郡县以后，墓葬形式开始逐渐出现中原地区的文化影响。东汉以后出现新的墓葬结构，墓葬外部出现高大的封土堆，称为'梁堆'，墓室分单室、前后室、双室并列等多种型制，一般墓室石砌，并出现券顶，并有墓道。此外还出现了另外一种'崖墓'的形式。进入东汉后，滇国时期常见的土坑墓在云南逐渐消失。80年代在嵩明县梨花村发现一座带墓道的竖穴土坑墓，此墓正好处于土坑墓向砖石墓演变时期的墓葬。东汉以后，历三国、两晋、南北朝至隋代，在云南占主导地位的墓葬型制变成了砖室墓。

从考古发现的情况看，滇文化墓葬在墓地选址、墓群分布、墓坑形式以及随葬品方面有许多共同的特征。许多考古人员和历史研究人员都意识到滇文化墓葬有许多特殊之处，但目前未见有专门研究成果，这里根据各处墓葬的考古发掘报告，将滇文化墓葬的一些显著特征归纳如下。

## 一、墓地选址

根据目前发现的几个规模较大的滇国墓葬的位置情况，发现古代滇国人在墓地选址上是有一定规律的。列出几个主要墓地的环境情况如下：

| 序号 | 墓地名称 | 环境基本情况 |
|---|---|---|
| 1 | 晋宁石寨山 | 位于昆明市东南约60千米的晋宁区上蒜乡石寨村东南的石寨山。距滇池东岸仅1000米，北面是小梁王山，东面为左卫山，东南面则是金砂山和其后的天汝山；山体不大，南北长500米、东西宽300米，南北细长，中部略宽。山顶最高处距离山脚33米从山顶向西眺望，滇池万顷碧波，脚下良田绿浪，尽收眼底，风景极佳。 |
| 2 | 江川李家山 | 是位于江川区境内江城坝子西侧的一个小山丘，背靠多依山，前临星云湖，山体从多依山下来呈东南走势。山顶距地面100米，山顶较平，向西南坡平缓倾斜，至西面成陡峭山谷，东面陡峭，西北与多依山相连，北面与四谷堆山之间有多依山下来的冲沟相隔开。李家山东南麓出一支状缓坡与山下早街村相连。站在李家山山顶向东眺望，远处星云湖水粼粼，山下村落历历，良田万顷直抵湖边，气势开阔，景色迷人。 |
| 3. | 安宁太极山 | 位于滇池西岸的安宁盆地（安宁坝子），四周群山环抱。太极山位于螳螂川东岸，螳螂川自南向北流过，是滇池水域唯一的出口。古墓群位于半山腰，高出山脚100余米。 |
| 4 | 呈贡天子庙 | 位于昆明市南15千米的呈贡区龙街镇小古城乡，西距滇池2000米，背靠黄土山。地面现状较低，但估计原来地势较高。是靠近滇池的一个台地。 |
| 5 | 楚雄万家坝 | 位于楚雄盆地（坝子），地处今楚雄市东南3500米的清龙河西岸的一个二三级台地上，高出河面30米。清龙河是龙川江一条支流，属长江水系。 |
| 6 | 昆明羊浦头 | 位于昆明市官渡区小板桥镇东约3000米的一个椭圆形缓丘上。 |

表中可以看出，滇文化的先民在墓地和墓穴的选择上是十分讲究的。在一般情况下，墓地都选择在背山面水，地势相对开阔之处的地方，墓地往往距离水面不远，在一座小山丘山顶或大山的半山腰，也或者在高出水面的二三级台地上。除了表中所列的几处大墓地外，另外一些规模较小的墓地，比如滇池沿岸呈贡石碑村墓地、金砂山墓地、小松山墓地等也存在类似情况。最近，考古部门勘探发现的澄江木官山青铜墓葬群也是如此，位于抚仙湖湖岸的一个山丘上，背山面水，景色开阔。

归纳滇文化墓地的环境特征如下：

1. 多选择平原（坝区）与山地相交处，前面临湖或临河，背山面水。

2. 墓地多距离水面不远，朝向水面的方向视线开阔。

3. 墓地不择高山，多选择在高出平原或水面的某处地方，如山麓、小山丘、台地或半山腰等，墓地背后多有高大山脉。

## 二、墓群分布特征

滇文化墓葬在墓穴布局上也颇有特点，根据目前发现的几个滇国墓葬的考古报告资料，比较它们的墓葬分布状况如下：

**墓群分布状况表：**

| | |
|---|---|
| **晋宁石寨山墓地**<br><br>大部分墓朝向东，部分偏南，排列较规整。 | |
| **江川李家山墓地**<br><br>大墓之间排列规整，未见叠压打破，小墓分布在大墓周围。墓向多为东西向，依山势略有变化。 | |
| **呈贡天子庙墓地**<br><br>墓向45度～80度，呈东西向，与黄土山走向一致。小墓分布在大墓周围。 | |
| **呈贡石碑店墓地**<br><br>墓向东西，头朝高山、脚朝滇池。墓坑成行成列分布，相当规律。 | |
| **楚雄万家坝墓地**<br><br>大墓多集中墓地中部，周围分布有众多小墓，与石寨山、李家山同。墓向主要呈东西向，部分偏北或偏南。 | |

可以看出，滇墓葬中墓穴的分布有很明显的规律。在一般情况下都是沿山顶逐渐向山脚推移，即埋在山顶的墓葬一般时代较早，而埋在地势相对较低处的墓葬时代相对较晚。年代晚的墓往往会叠压甚至打破年代较早的墓。同时期的大墓周围分布有若干小墓，大墓之间很少出现相互打破的现象。李家山墓群中的大墓填土内还出现专门放置的大型锥形石块以示标记[1]，可见，对墓地中墓穴的安排是经过一定规划的。迄今为止，清理的绝大多数滇文化墓葬都是东西朝向，墓葬的方向多数与山体的方向相一致。在滇池周围的许多山腰上分布的墓葬，一般是头朝山头，脚向滇池。江川李家山的墓葬也是这种情况，所有墓葬基本呈东西向，头枕多依山，脚踩星云湖。

归纳滇文化墓葬的墓穴分布特征如下：

1. 年代上，一般由山顶逐渐向山脚推移，埋葬山顶的墓葬时代较早，地势低的墓葬年代较晚。

2. 小墓分布在大墓周围，大墓之间打破关系较少。因用地较小，墓葬相互叠压相互打破现象普遍。

3. 墓穴普遍为东西朝向，在排列上有的成行成列，很有规律，有的以大墓为中心，小墓围绕大墓分布。

## 三、墓坑特征

**根据各个滇文化墓葬考古发掘报告，整理各墓葬区的墓坑情况如下表[2]**

| 序号 | 墓地名称 | 墓坑基本情况 |
|---|---|---|
| 1 | 晋宁石寨山 | 受地形地貌限制，绝大部分葬于岩石空隙之间，许多形状不规则，但规则的墓穴均为长方形竖穴土坑墓，没有封土[2]。棺椁普遍朽毁，部分存木质漆棺痕迹。部分大墓中有棺椁遗存，制作粗糙草率，大墓普遍有棺有椁，中小型墓仅有棺，部分小墓既无棺又无椁。 |
| 2 | 江川李家山 | 全部为长方形竖穴土坑墓，不封不树，墓坑四壁相当规整。大墓一般长 4 米 ~ 7 米、深 3 米 ~ 4 米。小墓一般长 2 米，深 1 米。有趣现象：大墓的填土中挖一个圜底圆坑，由外地弄数百千克或一吨以上的锥形石块，尖端向上埋入。大墓中存在棺椁痕迹，中小型墓有棺痕迹。 |
| 3 | 安宁太极山 | 均为长方形土坑竖穴墓，墓坑一般长 1.55 米 ~ 2.34 米，深 0.7 米 ~ 2. 米。 |

---

[1] 第二次考古发掘领队张新宁研究员认为埋入锥形大石是一种镇墓和辟邪作用，见《李家山第二次考古发掘报告》。

[2] 结合石寨山后来的发掘情况，目前学者普遍认为石寨山仍然属于竖穴土坑墓。

| 序号 | 墓地名称 | 墓坑基本情况 |
|---|---|---|
| 4 | 呈贡天子庙 | 均采取土坑竖穴形式,大墓 M41 有棺椁和二层台,墓坑相当规整。墓向 45 度 ~ 80 度,呈东西向,与黄土山走向一致。少数墓葬有二层台和腰坑。 |
| 5 | 楚雄万家坝 | 为长方形土坑竖穴墓,大墓一般 5 米 ×2 米 ×5 米,墓壁规整,有生土二层台、腰坑、边桩、垫木。大墓均有棺椁,分为有盖复合棺(棺木由四块原木拼成),有盖独木棺(棺、盖由独木刳成)和无盖棺(船形棺)。墓壁和墓底均无夯筑加工痕迹。 |
| 6 | 昆明羊浦头 | 全部为竖穴土坑墓,与石寨山和李家山滇文化墓地相同,但墓室结构更为复杂。大墓中多有腰坑、脚窝、二层台及头箱等结构,有的墓壁经过灰泥浆抹光处理。大墓内棺椁俱全,有的外椁用略加平整的原木搭建而成,木与木之间用榫口相接。 |

通过上表并结合其他滇文化墓群的状况,发现滇文化墓葬的墓坑普遍具有如下特征:

1. 均为长方形竖穴土坑墓,没有封土,也不见其他地面痕迹。坑的规模可分为大、中、小三种类型。

2. 墓坑普遍经过处理,四壁规整,有的有二层台、腰坑或脚窝等。

3. 棺椁制作简陋,有的用整个原木刳成,有的表面仍保留树皮,整体上,棺椁制度发育不全。

## 四、葬制特征

对于滇国墓葬的葬制目前没有系统的研究成果,参考目前研究的有关结论,可以发现滇国墓葬葬制存在如下特点:

| 序号 | 墓地名称 | 随葬品基本情况 |
|---|---|---|
| 1 | 晋宁石寨山 | 最常见的葬式为仰身直肢,也有少量为仰身屈肢、俯身直肢及"断肢葬""叠肢葬"或"二次葬"。棺内多放置死者随身系带的铜柄铁剑(外表多有金鞘)和各种精致的装饰品,另外铜镜及化妆品等小件器物。其他诸如生产工具、生活用具、兵器及乐器等随葬品多在头脚两端的空隙处。部分棺椁俱全的大墓中,多数随葬品都置于棺、椁之间,体型较大青铜器,像铜鼓和执伞铜俑之类,在棺椁间无法容纳时,有的放在椁盖上,也有的置于墓室的角落处或生土二层台之上。 |

| 序号 | 墓地名称 | 随葬品基本情况 |
|---|---|---|
| 2 | 江川李家山 | 小墓随葬品简单，一般为1至数件矛、铜钺和石坠等，有的无任何随葬品。贵族小墓随葬品数量为几件至十几件不等，并且主要为铜器，男性墓多以铜剑、铜斧和铜矛、扣饰随葬，在组合上相对稳定；女性墓以铜钺随葬。大墓内，棺内和棺椁之间均出大量随葬器物。以青铜器为主，同时还有铜铁合制器、铁器、金器、玉器和玛瑙器等，青铜器又可分为青铜礼器（铜鼓、俑、铜贮贝器、铜编钟），青铜兵器（铜剑、铜矛、狼牙棒、铜戈、弩机、铜钺和铜甲片），生产工具（铜斧、铜啄、铜凿、铜锄、铜铲等），生活用具（铜釜等）。 |
| 3 | 安宁太极山 | 随葬品贫乏，主要是陶器，少量青铜器。 |
| 4 | 呈贡天子庙 | 中小型墓葬的随葬品很少，小墓中以陶器为主，仅有少量铜器。 |
| 5 | 楚雄万家坝 | 随葬大量青铜器，陶器少见，尤以青铜农具引人注目。 |
| 6 | 昆明羊浦头 | 随葬品较多，有的分层埋葬，以青铜器为主，其次是陶器、漆木器。葬式分五种：合葬、解肢葬、叠葬、仰身直肢葬、侧。身曲肢葬。大型墓中发现人殉现象。 |

　　滇文化墓葬中大多没有或只保存有少量的人骨；多见单人葬，极少合葬；随葬品往往因其性别不同而随葬不同器物，男性墓多以铜剑、铜斧、铜矛和铜扣饰随葬，而女性墓多以装饰品和纺织工具随葬。组合主要包括陶器、青铜器、木器、金银器、石器和装饰品。小墓随葬品组合相对简单，以陶器为主。大、中型墓葬中随葬品在种类和数量上区别很大，组合较为复杂，除青铜器（青铜兵器、生产工具、生活用具、宗教礼仪用器以及各种扣饰）外，还随葬大量玉器（玉璧、玉镯、玉环、玉玦、玉衣碎片）、玛瑙扣、石器、木器和金银器等。

　　大墓随葬品放置很有规律，总体存在如下特征：

　　1.分层放置。

　　2.青铜重器多置于墓内一端（头部下方，底层）。重器多两套成对成对角放置。

　　3.各种质地的装饰品多数置于棺内。

## 五、综合滇国墓葬的特征

| | 墓地选址 | 墓群分布特征 | 墓坑特征 | 葬制特征 |
|---|---|---|---|---|
| 典型特征 | 1.多选择平原（坝区）与山地相交处，前面临湖或临河，背山面水。<br>2.墓地多距离水面不远，朝向水面的方向视线开阔。<br>3.墓地不择高山，多选择在高出平原或水面的某处地方，如山麓、小山丘、台地或半山腰等，墓地背后多有高大山脉。 | 1.年代上，一般由山顶逐渐向山脚推移，埋葬山顶的墓葬时代较早，地势低的墓葬年代较晚。<br>2.小墓分布在大墓周围，大墓之间打破关系较少。因用地较小，墓葬相互叠压相互打破现象普遍。<br>3.墓穴普遍为东西朝向，在排列上有的成行成列，很有规律，有的以大墓为中心，小墓围绕大墓分布。 | 1.均为长方形竖穴土坑墓，没有封土，也不见其他地面痕迹。坑的规模可分为大、中、小三种类型。<br>2.墓坑普遍经过处理，四壁规整，有的有二层台、腰坑或脚窝等。<br>3.棺椁制作简陋，有的用整个原木刳成，有的表面仍保留树皮，整体上，棺椁制度发育不全。 | 1.多见单人葬，极少合葬，因其性别不同而随葬不同器物。<br>2.大、中型墓葬随葬品丰富，小墓随葬品简单。<br>3.随葬品：分层放置；青铜重器多置于墓内一端，重器多两套成对成对角放置；装饰品多数置于棺内。 |

## 六、李家山古墓群在墓葬文化视野中的价值

1.古代滇国墓葬在选址环境、墓群分布以及墓坑葬制方面具有明显的共同特征，反映了古滇国人在墓葬方面的观念，具有较强的研究价值，在此方面的研究尚属空白。

2.李家山古墓群是典型的滇国墓葬，具有滇国墓葬的普遍特征，研究价值较高。

3.李家山古墓群北靠多依山，前临星云湖，俯瞰坝区良田万顷，视线开阔，反映了典型滇国墓地的环境特征，具有很高的景观价值。

4.李家山古墓群墓葬分布集中，且东西朝向，反映了滇人在墓地布局方面存在很强的观念，具有很高的历史价值和科学价值。

# 附录四：李家山古墓群墓葬考古信息表

| 编号 | 规模 | 有无棺椁 | 推测年代 | 是否存在打破关系 | 发掘时间 | 重要文物 | 尺寸（长×宽－高）米 | 回填状况 | 墓坑植被覆盖率 |
|---|---|---|---|---|---|---|---|---|---|
| 01 | 中型 | 棺 | 西汉中期至晚期 | 否 | 1972年 | | 2.65×1.2-1.7 | 回填 | |
| 02 | 小型 | 棺 | 西汉中期至晚期 | 否 | 1972年 | | | 回填 | |
| 03 | 小型 | 无 | 汉武帝前 | 否 | 1972年 | | | 回填 | |
| 04 | 小型 | 无 | 汉武帝前 | 否 | 1972年 | | 2.4×0.8-0.6 | 回填 | |
| 05 | 小型 | 无 | 汉武帝前 | 否 | 1972年 | | 2.1×0.85-1.05 | 回填 | |
| 06 | 小型 | 无 | 汉武帝前 | 否 | 1972年 | | 2.35×0.9-1.1 | 回填 | |
| 07 | 小型 | 无 | 汉武帝前 | 否 | 1972年 | | 深1.6 | 回填 | |
| 08 | 中型 | 无 | 汉武帝前 | 否 | 1972年 | | 深2.5 | 回填 | |
| 09 | 小型 | 无 | 汉武帝前 | 否 | 1972年 | 浮雕猿猴长方形扣饰 | 1.9×0.8-2 | 回填 | |
| 10 | 中型 | 棺 | 汉武帝前 | 否 | 1972年 | 针线桶（顶雕鹿） | 2.8×2.21-3.1 | 回填 | |
| 11 | 小型 | 棺 | 汉武帝前 | 否 | 1972年 | | 2×0.7-0.65 | 回填 | |
| 12 | 中型 | 无 | 汉武帝前 | 否 | 1972年 | 三人缚牛浮雕扣饰 | 深1.2 | 回填 | |
| 13 | 中型 | 无 | 汉武帝前 | 否 | 1972年 | | 2.37×1.3-1.9 | 回填 | |

续　表

| 编号 | 规模 | 有无棺椁 | 推测年代 | 是否存在打破关系 | 发掘时间 | 重要文物 | 尺寸（长×宽－高）米 | 回填状况 | 墓坑植被覆盖率 |
|---|---|---|---|---|---|---|---|---|---|
| 14 | 小型 | 无 | 汉武帝前 | 否 | 1972年 | | 不明×0.8-0.6 | 回填 | |
| 15 | 大型 | 棺 | 汉武帝前 | 否 | 1972年 | 铜枕、贮贝器 | 3.78×1.7-5.1 | 回填 | |
| 16 | 中型 | 棺 | 汉武帝前 | 否 | 1972年 | 铜枕、贮贝器 | 3.2×1.6-2.65 | 回填 | |
| 17 | 小型 | 无 | 不明 | 否 | 1972年 | | | 回填 | |
| 18 | 小型 | 无 | 不明 | 否 | 1972年 | | | 回填 | |
| 19 | 中型 | 棺 | 汉武帝前 | 否 | 1972年 | 一虎噬猪扣饰 | 2.8×1.65-1.3 | 回填 | |
| 20 | 大型 | 棺 | 汉武帝前 | 否 | 1972年 | 铜枕、贮贝器、房屋形扣饰、狼牙棒 | 3.65×1.85-3.4 | 回填 | |
| 21 | 大型 | 棺 | 汉武帝前 | 否 | 1972年 | 贮贝器 | 4.1×2.47-3.22 | 回填 | |
| 22 | 大型 | 棺 | 汉武帝前 | 否 | 1972年 | | 4.35×1.99-3.7 | 回填 | |
| 23 | 大型 | 棺椁 | 汉武帝前 | 否 | 1972年 | 牛虎铜案、铜鼓、狼牙棒、祭祀浮雕扣饰 | 4.26×2.63-2.7 | 露明展示 | <30% |
| 24 | 小型 | 棺 | 汉武帝前 | 否 | 1972年 | | 2×0.6-1.2 | 回填 | |
| 25 | 中型 | 棺 | 西汉晚期至东汉初 | 否 | 1972年 | | 3×1.8-1.5 | 回填 | |
| 26 | 小型 | 棺 | 西汉晚期至东汉初 | 否 | 1972年 | | 不明 | 回填 | |
| 27 | 小型 | 无 | 汉武帝前 | 否 | 1992年 | | 1.98×0.66-0.18 | 回填 | |
| 28 | 中型 | 无 | 西汉晚期至东汉初 | 打破 | 1992年 | | 2.4×1.15－1.48 | 回填 | |
| 29 | 小型 | 无 | 西汉晚期至东汉初 | 被打破 | 1992年 | | 1.82×0.52－0.75 | 回填 | |
| 30 | 小型 | 无 | 汉武帝前 | 否 | 1992年 | | 3.01×0.8-0.52 | 回填 | |

续 表

| 编号 | 规模 | 有无棺椁 | 推测年代 | 是否存在打破关系 | 发掘时间 | 重要文物 | 尺寸（长×宽－高）米 | 回填状况 | 墓坑植被覆盖率 |
|---|---|---|---|---|---|---|---|---|---|
| 31 | 中型 | 无 | 不明 | 否 | 1992年 | | | 回填 | |
| 32 | 中型 | 无 | 不明 | 否 | 1992年 | | | 回填 | |
| 33 | 中型 | 无 | 西汉中期至晚期 | 否 | 1992年 | | 2.34×1.4-1.4 | 回填 | |
| 34 | 小型 | 无 | 西汉中期至晚期 | 否 | 1992年 | | 2.22×0.68-0.96 | 回填 | |
| 35 | 小型 | 无 | 不明 | 否 | 1992年 | | 2.1×0.7-0.94 | 回填 | |
| 36 | 小型 | 无 | 西汉晚期至东汉初 | 否 | 1992年 | | 2.22×0.92-0.4 | 回填 | × |
| 37 | 小型 | 无 | 西汉晚期至东汉初 | 否 | 1992年 | | 2.43×0.68-0.75 | 回填 | |
| 38 | 小型 | 无 | 东汉前期 | 打破 | 1992年 | | 2.14×0.8-0.6 | 回填 | |
| 39 | 小型 | 无 | 西汉中期至晚期 | 否 | 1992年 | | 2.86×0.9-1.34 | 回填 | |
| 40 | 小型 | 无 | 西汉中期至晚期 | 否 | 1992年 | | 2.2×0.78-0.52 | 回填 | |
| 41 | 小型 | 无 | 不明 | 否 | 1992年 | | 2.22×0.54-0.6 | 回填 | |
| 42 | 小型 | 无 | 汉武帝前 | 否 | 1992年 | | 2.2×0.78-0.58 | 回填 | |
| 43 | 中型 | 无 | 西汉晚期至东汉初 | 打破 | 1992年 | | 2.6×1.5-1.45 | 回填 | |
| 44 | 中型 | 无 | 西汉晚期至东汉初 | 打破 | 1992年 | | 2.9×1.54-0.6 | 回填 | |
| 45 | 大型 | 无 | 西汉中期至晚期 | 否 | 1992年 | 蛇头纹礼仪斧、圆筒形贮贝器（上立公牛）、执伞俑 | 4.6×6.3-4.4 | 回填 | |
| 46 | 小型 | 无 | 汉武帝前 | 被打破 | 1992年 | | 残1.4×0.84-0.84 | 回填 | |
| 47 | 中型 | 无 | 东汉前期 | 打破 | 1992年 | | 3×2.1-1.6 | 回填 | |

续　表

| 编号 | 规模 | 有无棺椁 | 推测年代 | 是否存在打破关系 | 发掘时间 | 重要文物 | 尺寸（长×宽-高）米 | 回填状况 | 墓坑植被覆盖率 |
|---|---|---|---|---|---|---|---|---|---|
| 48 | 大型 | 无 | 西汉晚期至东汉初 | 打破 | 1992年 | | 4.74×4.26-3.1 | 回填 | |
| 49 | 大型 | 无 | 西汉中期至东汉晚期 | 打破被打破 | 1992年 | 凯旋图纹礼仪斧、蝉纹礼仪斧、曲腰礼仪斧、骑马武士 | 5.5×4.5-3.7 | 露明展示 | >60% |
| 50 | 中型 | 无 | 汉武帝前 | 打破被打破 | 1992年 | | 2.85×1.1-0.3 | 回填 | |
| 51 | 中型 | 无 | 西汉晚期至东汉初 | 打破 | 1992年 | | 2.54×1-1.55 | 回填 | |
| 52 | 小型 | 无 | 汉武帝前 | 否 | 1992年 | | 2×0.44-1.9 | 回填 | |
| 53 | 小型 | 无 | 汉武帝前 | 否 | 1992年 | | 1.7×0.5-0.6 | 回填 | |
| 54 | 中型 | 无 | 西汉中期至晚期 | 否 | 1992年 | | 2.8×1.75-0.65 | 回填 | |
| 55 | 大型 | 无 | 西汉中期至晚期 | 打破被打破 | 1992年 | 凯旋图纹礼仪斧 | 4×2.9-2.5 | 回填 | |
| 56 | 中型 | 无 | 汉武帝前 | 被打破 | 1992年 | | 3×1.9-1.2 | 回填 | |
| 57 | 小型 | 无 | 西汉晚期至东汉初 | 否 | 1992年 | | 2.1×0.75-1.2 | 回填 | |
| 58 | 中型 | 无 | 汉武帝前 | 被打破 | 1992年 | | 2.5×2.6-1.34 | 回填 | |
| 60 | 小型 | 无 | 西汉晚期至东汉初 | 否 | 1992年 | | 2×0.6-0.25 | 回填 | |
| 61 | 小型 | 无 | 西汉晚期至东汉初 | 打破 | 1992年 | | 2×0.6-0.2 | 回填 | |
| 62 | 中型 | 无 | 西汉晚期至东汉初 | 否 | 1992年 | 梯形礼仪斧 | 2.25×1-1.2 | 回填 | |
| 63 | 小型 | 无 | 西汉中期至晚期 | 被打破 | 1992年 | | 2.15×0.6-0.7 | 露明展示 | |
| 64 | 小型 | 无 | 西汉中期至晚期 | 打破 | 1992年 | | 1.8×0.65-0.6 | 回填 | |
| 65 | 小型 | 无 | 西汉中期至晚期 | 被打破 | 1992年 | | 2×0.45-0.15 | 回填 | |

续 表

| 编号 | 规模 | 有无棺椁 | 推测年代 | 是否存在打破关系 | 发掘时间 | 重要文物 | 尺寸（长×宽－高）米 | 回填状况 | 墓坑植被覆盖率 |
|---|---|---|---|---|---|---|---|---|---|
| 66 | 大型 | 无 | 西汉中期至晚期 | 被叠压压打破 | 1992年 | 多种动物浮雕扣饰，多人浮雕扣饰，干栏式房屋模型 | 6.8×4.5-4.15 | 回填 | |
| 67 | 大型 | 无 | 西汉晚期至东汉初 | 被叠压压打破 | 1992年 | 祭祀场面鼓形贮贝器，叠鼓形贮贝器，纺织场面贮贝器， | 6.76×5.6-3.58 | 露明展示 | 30%-60% |
| 68 | 小型 | 无 | 西汉中期至晚期 | 被打破 | 1992年 | | 残1.6×1.1-0.2 | 回填 | |
| 69 | 中型 | 无 | 西汉中期至晚期 | 否 | 1992年 | 喂牛浮雕扣饰 | 2.4×1.1-1.48 | 回填 | |
| 70 | 小型 | 无 | 西汉中期至晚期 | 打破 | 1992年 | | | 回填 | |
| 71 | 小型 | 无 | 西汉中期至晚期 | 否 | 1992年 | | | 回填 | |
| 72 | 小型 | 无 | 西汉中期至晚期 | 打破被打破 | 1992年 | | 2.05×0.8-1.28 | 回填 | |
| 73 | 小型 | 无 | 西汉中期至晚期 | 否 | 1992年 | | 2.2×0.64-0.9 | 回填 | |
| 74 | 小型 | 无 | 西汉晚期至东汉初 | 否 | 1992年 | | 2×0.7-0.3 | 回填 | |
| 75 | 小型 | 无 | 西汉中期至晚期 | 被打破 | 1992年 | | 2×0.7-0.6 | 回填 | |
| 76 | 小型 | 无 | 西汉中期至晚期 | 否 | 1992年 | | 2.6×1-0.9 | 回填 | |
| 77 | 小型 | 无 | 西汉中期至晚期 | 否 | 1992年 | | 2.2×0.58-0.2 | 回填 | |
| 78 | 小型 | 无 | 西汉中期至晚期 | 否 | 1992年 | | 1.76×1.1-0.3 | 回填 | |
| 79 | 中型 | 无 | 西汉晚期至东汉初 | 否 | 1992年 | | 2.85×1.3-0.3 | 回填 | |
| 80 | 小型 | 无 | 西汉中期至晚期 | 否 | 1992年 | | 2.1×0.6-1.2 | 回填 | |
| 81 | 小型 | 无 | 西汉中期至晚期 | 否 | 1992年 | | 1.5×0.75-0.7 | 回填 | |

| 编号 | 规模 | 有无棺椁 | 推测年代 | 是否存在打破关系 | 发掘时间 | 重要文物 | 尺寸（长×宽×高）米 | 回填状况 | 墓坑植被覆盖率 |
|------|------|----------|----------|------------------|----------|----------|----------------------|----------|----------------|
| 82 | 大型 | 无 | 西汉晚期至东汉初 | 被打破 | 1994年 | | 5.82×4.83−5.9 | 露明展示 | >60% |
| 83 | 中型 | 无 | 东汉前期 | 否 | 1997年 | | 2.7×2.1−0.9 | 回填 | |
| 84 | 中型 | 无 | 不详 | 否 | 不详 | | | 回填 | |
| 85 | 小型 | 无 | 不详 | 否 | 不详 | | | 回填 | |
| 86 | 小型 | 无 | 不详 | 否 | 不详 | | | 回填 | |
| 87 | 小型 | 无 | 不详 | 否 | 不详 | | | 回填 | |

# 附录五：李家山墓葬区植物调查

## 一、植物概况

### 1. 细柄草

拉丁名：Capillipedium parviflorum（R.Br.）Stapf.

别名：吊丝草

科属：禾本科细柄草属

形态特征：多年生草本。高50厘米～100厘米。

生境与分布：中生植物。喜温暖、湿润，耐阴。生于林缘、灌丛下、山坡、渠沟边。分布于江苏、安徽、湖北、湖南、江西、贵州、云南、四川等省区。

用途：抽穗前，细嫩。黄牛、水牛、山羊喜食。抽穗后变粗糙，刈制干草，各种家畜均喜食，放牧、青刈、干草利用均可。

## 2. 假酸浆

拉丁名：Nicandra physaloides（Linn.）Gaertn.

别名：鞭打绣球，冰粉，蓝花天仙子，苦莪，田珠，大千生。

科属：茄科酸浆属

形态特征：直立一年生草本，高 0.4 米 ~ 1.5 米。

生境与分布：见于云南丽江、中甸、鹤庆、腾冲、昆明、西双版纳（勐混）等地区，生于海拔 1200 米 ~ 2400 米的村边路旁。全国均有栽培，也有逸为野生。原产秘鲁。用途：全草入药，有镇静、祛痰、清热、解毒、利尿之效。种子可作水晶凉粉，为夏季的清凉饮料。

## 3. 孔雀草

拉丁名：Tagetes patula

别名：小万寿菊、红黄草、西番菊、臭菊花、缎子花（云南）

科属：菊科万寿菊属

形态特征：一至二年生草本花卉。植株较矮，株高 20 厘米～40 厘米，株型紧凑，多分枝呈丛生状。花期从"五一"一直开到"十一"。

生境与分布：适应性强，喜温暖和阳光充足的环境，比较耐旱，对土壤和肥料要求不严格，耐移植。孔雀草较耐寒，抗早霜。我国各地有。

用途：最宜作花坛边缘材料或花丛、花境等栽植，也可盆栽观赏。

**4. 蓖麻**

拉丁名：Ricinus co mm unis L.

别名：红麻、金豆、八麻子、牛篦、大麻子、洋麻子

科属：大戟科蓖麻属

形态特征：高大灌木状草本植物，高大约 2 米～4 米。一年生落叶高大草本或多年生常绿灌木。

生境与分布：

用途：很高的经济价值，蓖麻油被称为"工业之宝"。具有很强的毒性（蓖麻毒素，而且整科植株都有毒，其中又以种子的毒性最强。只要吃几粒蓖麻的种子就会中毒死亡。）

### 5. 老虎芋

拉丁名：Alocasia cucullata（Lour）Schott

别名：大麻芋、大附子、猪不拱、假海芋、卜芥。

科属：天南星科海芋属

形态特征：多年生草本。花期4月～5月，果期6月～7月。

生境与分布：产云南潞西、元江、通海、玉溪、峨山、昭通。生长于湿润山谷，或栽培于房前屋后或庭院；喜空气湿度大，耐阴性强，忌日光直射。生长适温28度～30度，越冬温度应在5度以上。四川、贵州、广西、广东、海南、福建、台湾也有。分布于孟加拉国、斯里兰卡，缅甸，泰国。

用途：全株入药，解毒退热、消肿镇痛。（本品有毒！内服久煎4小时以上可以避免中毒。如发现中毒，可用甘草、土防风、莲须煎服解救。）

### 6. 小飞蓬

拉丁名：Conyza canadensis（L.）Cronq.

别名：小白酒草，俗称狼尾蒿

科属：菊科白酒草属。

形态特征：一年生草本，全体具脱落性毛。花期7月～9月，果期8月～11月。

生境与分布：生于路边，山坡荒地。从20世纪一二十年代传入我国后，现已在全国各地广泛逸生，成为极常见也极难清除的杂草。

用途：全草药用，清热利湿，散瘀消肿。

## 7. 牡蒿

拉丁名：Artemisia japonica Thunb.

别名：山雄花

科属：菊科蒿属

形态特征：多年生草本。花期 9 月～10 月。根状茎粗壮。茎直立，常丛生，高 50 厘米～150 厘米。喜湿不耐旱。

生境与分布：生于林缘，河边，路边，田野，山坡草地。全县各地均有分布。

用途全草药用。

### 8. 紫茎泽兰

*Ageratina adenophora*

紫茎泽兰又名破坏草、飞机草，为菊科、泽兰属。它是一种分布广泛危害极大的恶性杂草。现已广泛分布在世界热带、亚热带 30 多个国家和地区。

紫茎泽兰原产于中美洲的墨西哥，1865 年作为观赏植物引种到夏威夷群岛，1875 年引到澳大利亚，后逸为野生，随后在新西兰、泰国、菲律宾、缅甸、越南和印度等地蔓延成片，泛滥成灾。分布在北纬 37 度的西班牙，直至南纬 35 度的南非和澳大利亚。

20 世纪 40 年代，紫茎泽兰由缅甸边境侵入我国云南。由于环境条件适宜，330 — 3000 米左右海拔高度范围均能生长，且传播迅速，据有关专家调查，现已蔓延到四川西南部和贵州西部，正以每年 30 千米的速度继续向北推进。严重破坏了云南省的生态环境，初步统计，云南省境内，约在北纬 26°30′ 以南，10 多个地（州）90 多个县市 26 万多平方千米土地上都有紫茎泽兰生长，据专家测算实物量达 1200 万吨以上，其中，红河、思茅、临沧、西双版纳、德宏等地（州）约 40 个县市，15 万平方千米的范围内农业受害最重。

紫茎泽兰主要是靠它那密集成片的生物学特性和'惊人的繁殖能力排斥其他植物的生长。它所到之处，原有植物均被"排挤出局"，牛羊喜吃的草类均告消灭，只有紫茎泽兰唯我独尊。由于云南耕地以旱地为主。多有轮作习惯，其中轮歇地面积占旱地总面积的 22% 左右。在紫茎泽兰危害区内，凡撂荒之地，次年均被紫茎泽兰占满。紫茎泽兰的疯狂漫延还破坏了牧草、侵占了草地。据调查，亩产鲜草 240 千克的草地受害后，亩产鲜草不足 20 千克，导致食草动物无草吃，畜牧业难以发展，如墨江县 1958 年建立的一个牧场，当时水草十分丰盛。紫茎泽兰的侵入，不到 10 年就蔓延成灾，马因紫茎泽兰诱发气喘病而死亡，牛因缺草锐减 200 头，畜牧只得由放养改为厩养。紫茎泽兰对林业的危害是侵占宜林荒山、影响造林、林木生长和采伐迹地的天然更新；侵入经济林地，影响茶、桑、果的生长，管理强度成倍增加，耗费大量的人力与经费，且严重威胁了经济作物的发展。此外，紫茎泽兰严重蔓延的地区，阻碍了交通，堵塞了水渠，影响农事活动的正常开展，对药用及蜜源植物危害也极大，危及了养蜂业和药用植物的发展。

## 二、消除外来植物的人工干预措施

由于外来植物具有危害人畜安全，影响药用土著植物的自然分布，还传播病虫害等一系列危害性，所以必须寻求一些方法来控制、消除外来植物，恢复原始植被，使植物生态回到原来的平衡状态。

### 1. 生物除草法

利用外来植物的生物天敌，如植物病原物、线虫、螨类、昆虫、以草克草等方法来控制外来植物的蔓延。这样既可减少除草剂对环境的污染，又有利于自然界的生态平衡。但此法局限性和防治费用均较高，因为外来植物之所以泛滥蔓延，主要是环境的改变和缺乏天敌，一般来说，外来植物的原产地肯定有它的天敌。但是，引进天敌一定要慎重，并严格控制，否则，就又引进了一个外来物种，造成新的危害。

### 2. 人工除草法

直接利用人工拔草、锄草等方法清除外来植物。此方法简单，除草干净，但是费工、费力，最好通过有针对性的研究这些外来植物，阐明它们的药用价值或畜用营养价值并进行宣传，鼓励农民群众清除这些植物。如紫茎泽兰被喻为毒草，因为牛羊吃了以后会得气喘病甚至死亡，但是最近据报道已经发明了一种疫苗，给牛羊打一针，牛羊再吃就没事了，而且紫茎泽兰本身的营养价值很高，变成了一种优良的牧草。但是人工除草法对加拿大一枝黄花这种多年生的植物不适用，恐砍伤了植株根茎，反而促进了地下芽的萌发。

### 3. 农业及机械除草法

结合农业生产，利用机械进行除草。农业生产要对作物合理轮作、精选种子、施用腐熟的有机肥料，合理密植、淹水灭草、加强植物检疫等，机械除草主要是减轻劳动强度、提高劳动生产力。

### 4. 绿化竞争除草法

选取尽量多品种的本地土著乔木、观赏灌木、多年生药用植物密植，与外来植物争地，"你退一尺，我进一丈"。也可在外来植物苗期和生长期，用厚黑地膜或除草薄膜覆盖，使其缺水、缺光而死，然后植上绿化植物。

### 5. 化学除草法

利用化学药剂本身的特性，即除草剂对植物选择性杀死的特性，达到除草的目的。本法是目前发展最快、也是重要的一种手段。如内吸性除草剂除草通、草甘膦可以杀死多年生草本植物地上及地下部分；触杀性除草剂百草枯只能杀死地上部分，可用于一年生草本植物；选择性除草剂氯氟吡氧乙酸能杀死阔叶植物而对禾本科植物无效，精氟吡甲禾灵能杀死禾本科植物而对阔叶植物无效。

## 三、根系的固土作用

根系在提高土壤抗侵蚀能力、防止土壤侵蚀方面具有重要作用。植物通过根系在土体中交错、穿插，网络固持土壤；并且通过改善土壤的物理性质，提高土壤自身的水力学性质，从而增强土体的抗侵蚀能力。同时，活根提供分泌物，死根提供有机质作为土壤团粒的胶结剂，配合根系的穿插、挤压和缠绕，使土壤中大粒级水稳性团聚体增加，提高了土壤抗冲击分散能力。

# 后记

感谢云南江川县文化部门和江川博物馆提供的大力支持。

从 2005 年至 2006 年，李家山古墓群总体保护规划项目历时两年多顺利完成。非常感谢清华导师吕舟教授提供多样化的保护实践项目，他一方面指导我们开展研究调查工作，另一方面也大胆放手地让我们研究团队独立摸索。从问题出发，创造性的去解决问题。感谢一同参与项目研究和创作的项瑾斐、刘煜、崔光海、陈怡、徐晓颖、陈燕飞、翟飞等工作同事。你们为项目成果获得广泛好评也付出了辛勤的劳动和自己的智慧。

本书虽已付梓，但仍感有诸多不足之处。对于古代滇国文明的研究仍然需要长期细致认真的工作。而考古发现为我们提供的丰富的实物证据，我们将继续努力研究探索。至此再次感谢为本书出版给予帮助、支持的每一位领导、同事和朋友，感谢每一位读者，并期待大家的批评和建议。

朱宇华

2022 年 1 月